人物專訪

攪動中國財經風雲的這些人

陸新之 著

一心一意做一件事的福耀玻璃創辦人**曹德旺**

阿里巴巴總裁**馬雲**的最後一次訪談

樂觀保守主義的「阿里媽媽」總裁**俞永福**

與「暴雪」兩不相欠的**馮鑫**

互聯網行業的攪局者**周鴻禕**

「人民公敵」**任志強**的邏輯力量

萬通集團主席**馮侖**的魏晉風度

柳傳志談聯想的私有化過程

崧燁文化

人物專訪：攪動中國財經風雲的這些人

目錄

目錄

曹德旺：一心一意做一件事 ... 7
創業時期：每一步都無法繞開 ... 8
經營策略：「什麼賺錢做什麼」不可靠 ... 15
陸新之：您是如何塑造品牌的？ ... 18
開拓海外市場：有人的地方就能做生意 ... 23
加拿大判決 PPG 敗訴 ... 32
做慈善：救別人就是救自己 ... 37
企業家精神：「我是企業家，不是富豪」 ... 41
後記 ... 43

與馬雲的最後一次對話 ... 45
關於退休 ... 47
退休之後 ... 48
關於偉大 ... 49
關於 Yahoo ... 50
關於師徒 ... 50
關於管理 ... 51
關於未來 ... 52
後記 ... 52

柳傳志談聯想的私有化過程 ... 55
聯想的制度建設有點歪打正著 ... 58
聯想的私有化仍然是個敏感問題 ... 61
聯想的目標一直非常清晰 ... 63
第一次聽說聯想有「官場文化」 ... 65
聯想的人才培養機制還在完善之中 ... 66
後記 ... 68

周鴻禕：互聯網行業的攪局者　71

　　360 的問世改變了當時互聯網的遊戲規則　72
　　先用免費創造優越的用戶體驗，再創造新的產業鏈　73
　　提供極佳的用戶體驗　74
　　把握住用戶的痛點　77
　　給年輕的互聯網創業者幾點建議　79
　　互聯網不斷變革　82
　　做中國最大最強的安全公司　84
　　後記　87

任志強的邏輯力量　89

　　我的市場理論來自於實踐　96
　　我不是個好學生　99
　　我們的腦袋是國有的，肢體是私人的　101
　　組織比較正確的選擇，就是沒有開除我　104
　　我們也做了一些私有化的工作　106
　　我們一直在做開啟官智的工作　108
　　一定要瞭解我們自己的歷史　112
　　後記　113

馮侖的魏晉風度　115

　　大歷史中看私人企業　118
　　不僅僅是一個經濟學問題　123
　　思考得越多，人就越痛苦　126
　　後記　129

邢明：理想化和商業化之間　131

　　無微不成功　133
　　天涯強調媒體屬性未必是對的　134

天涯在中國人言論歷史上是有歷史地位的	135
互聯網在中國媒體生態裡「很有意思」	137
Google 本該是在中國最成功的外國互聯網公司	138
網路口碑傳播、話題營銷等都做不大	139
未來 A 股給互聯網的估值可能比美國高	140
布局互聯網未來需要一些哲學的思考	141
我們理解中國的底線，又拓展它的思維	142
互聯網是九死一生	143
後記	145

王小川：方向對了，就不怕路遠　　147

創新？早了不行，晚了也不行	148
有一絲機會做成，就不放棄	149
這個時候，周鴻禕出現了。	150
搜狗是個新物種	152
後記	154

俞永福：樂觀的保守主義者　　155

甩掉領先的包袱	156
Web 不死，成為手機互聯網的中心	158
別碰你不熟悉的東西	159
比抄襲者更快	160
光著屁股使勁長	162
後記	163

王興：不是為了創業而創業　　165

有限的遊戲和無限的遊戲	166
多年創業成敗，美團是最後一戰	167
用科技手段提升服務水準	168
後記	169

莊辰超：不信命運，信機率 **171**

 人生不能刻意預判 172

 成功不可複製，失敗可以複製 173

 太陽底下沒有新鮮事 175

 一手鮮花，一手利劍 176

 後記 177

馮鑫：與「暴風」兩不相欠 **179**

 做這件事像還債一樣 180

 把自己「發配」到一線 181

 逼著自己變化 182

 後記 185

曹德旺：一心一意做一件事

採訪人／陸新之

曹德旺，福耀玻璃集團創始人、董事長。

福建省福清市人，1946 年 5 月出生，1987 年成立福耀玻璃集團。

1993 年，福耀玻璃登陸國內 A 股。福耀玻璃是中國第一家導入獨立董事的公司，是中國股市唯一一家現金分紅高達募集資金 10 倍的上市公司。

2001～2005 年，曹德旺帶領福耀團隊相繼打贏了加拿大、美國兩個反傾銷案，令世界震驚。福耀玻璃也成為中國第一家狀告美國商務部並贏得勝利的中國企業。

曹德旺：一心一意做一件事

2009 年 5 月，曹德旺獲得「安永企業家獎」，成為該獎項設立以來首位獲獎的華人企業家。

目前，福耀玻璃已成為中國第一、世界第二大汽車玻璃供應商。

曹德旺還是一位慈善家。在 2011 年胡潤中國慈善榜上，他以 45.8 億元的捐款數額成為中國首善。

創業時期：每一步都無法繞開

陸新之：您在 1976 年獲得了一份正式工作──水表玻璃採購員，之後不久就承包了工廠，當時恰巧是改革開放，是什麼樣的一個情況促使你敢於冒著巨大的風險去承包？

曹德旺：當時，高山異型玻璃廠連年虧損，我著急，主管也著急。主管就問我由我來負責這個工廠好不好。

當時正值全中國興起個人承包國有工廠的風潮，很多地方還發文件鼓勵承包，一方面，給政府甩包袱；另一方面，私人承包有利於使企業重生。一舉兩得，政府當然願意。

在此期間，全國各地湧現了一大批鄉鎮企業。在各地鄉鎮企業呈現井噴式發展的大背景下，我與主管開誠布公談承包價格。當初建廠時政府投入六萬元，我就以六萬元承包，等於政府的這筆帳一筆勾銷，主管聽了很高興。我又問，廠房和設備以及其他的固定資產，這些怎麼處理。主管說，都由我支配。我又問利潤怎麼分配，主管還是同樣的回答。我承諾，我不會獨占利潤分配，工人拿 20%，我拿 40%，剩下的 40% 繼續投入生產。

1983 年，我接手玻璃廠，加強管理，杜絕人浮於事，提高生產效率，廠房裡的機器連續 24 小時運轉，工人一天三班制，工廠效益大大提高。一年過後，我拿到的分紅就有 20 萬元。

可能很多人認為，承包制對於治療虧損國企，可以藥到病除。實際上並非如此簡單，承包制就像一劑膏藥，如果是外部傷口，可能有效；如果是內臟有傷，就沒多少療效了。

高山異型玻璃廠內臟已經有傷，承包制很難治本。我透過實施一系列措施，如加強管理、提高生產效率，在短期內確實有效，企業也有了利潤，但是企業畢竟要持續運營，如果後續投入跟不上，就會出現設備老化、成本提高等問題，企業還是死路一條。作為承包者，我已經透過一年收回投入，而且還賺了錢，我沒有動力繼續投入了。

這也是我當時的想法，賺了錢就不想承包了，可是1984年，福清進行勞動模範評選，由於我在當地是第一個承包工廠的個人，這個榮譽就給了我。有了榮譽，一高興就忘了見好就收這句話，我竟然又接著做了。

陸新之：您當初為什麼選擇做汽車玻璃，聽說與您挨過的一句「罵」有關？

曹德旺：當時我去外地出差，給母親買了一根拐杖，把拐杖扛在肩頭的時候險些碰到一輛汽車的玻璃，司機嚇了一跳，很凶地向我吼，別碰壞玻璃，要不然賠不起。我本身是做玻璃的，一塊玻璃的成本還是心裡有數，就和他聊天，我說不就是一片玻璃嘛，值多少錢？司機一聽，嘖嘖有聲，這種汽車玻璃可都是進口的，一片要幾千塊錢呢。

我聽完也大吃一驚，仔細打量，就這樣的汽車玻璃，我完全有信心生產出來，成本沒多高，沒想到進口的玻璃竟然賣這麼貴。後來，我們經過籌備，蓋了一座生產汽車玻璃的電爐。

其實，定下心來專門做汽車玻璃，也和一次香港之行有關。

福耀上市之後，有一次恰逢我去香港考察，就攜帶公司的運營報表等資料前往，找到一位香港證券交易所的交易總監，請她幫我分析福耀的股票。

結果，這個資本專家看了一眼，就把資料一扔，說：「你這公司怎麼什麼都做？又是汽車玻璃，又是地產項目，又是裝修，風馬牛不相及，你讓投資者怎麼去投資？只有外行人才會繼續投資，在我看來，這就是垃圾股。」

我問她該怎麼辦。她說：「你自己想想，什麼東西你最擅長經營，選一項，剩下的重組掉。」我聽了一頭霧水，怎麼重組？她笑了，說賣掉就是重組。

人物專訪：攪動中國財經風雲的這些人

曹德旺：一心一意做一件事

福耀現在看起來一帆風順，很少人知道也曾被人稱作「垃圾」。

福耀多次化險為夷，我覺得和我們的目標密不可分。福耀的目標，就是要給中國人做玻璃，而且要透過此舉向全世界展示中華民族的智慧與勇氣，這不是說說而已；相反，這是深入骨髓的策略方向。

陸新之：1991年，中國試水股票市場，很多企業不願意做「股份制改造」的試點企業，您是怎麼想到讓企業去上市的？

曹德旺：當時，企業要發展，需要資金。我認識了一家中東銀行新加坡分部的總裁，他可以把錢借給福建省投資公司，然後再轉借給福耀。

拿外國人的錢其實是迫不得已，因為中國國內銀行的資金有限。要找外資，手續就相對繁瑣一些，福耀的財務報表需先提交給對方，他們看過之後，認為福耀的業績很好。總裁也親自跑來一探虛實，還請我去新加坡面談。

到了新加坡，我和那位總裁深入聊了一次，這次談話給了我很多啟示，這可能是我背上巨額貸款債務之外最大的收穫。

這個收穫就是上市。當時新加坡人給我出了個點子，讓我收購一家當地企業，然後再進行反收購，在這個過程中，所有資金都由新加坡人提供幫助，最後，合併的企業在新加坡包裝上市。為什麼那家本地企業不能直接上市呢？因為新加坡有規定，資金必須達到一定額度才能上市。

儘管我當時包括後來也沒有採納新加坡人的建議，但無論如何，他們給了我新的思路——透過股票市場募集資金，這是必然趨勢。

從新加坡回來之後，我認真地考慮了資本市場這回事。當時中國國內的資本市場幾乎是一片空白，連證券交易所都沒有，上市融資更是天方夜譚。

我把想法彙報給省裡的主管，人家一聽，高興得不得了，因為他們正發愁找不到「股份制改造」的試點企業。1987年黨的十三大肯定了股份制試點，允許繼續進行試點改革，「股份制改造」逐漸風行，尤其地方政府爭先尋找「股份制改造」試點企業，以保持與中央一致的節奏。

在福建，好一點的公司對股改還有疑慮，自然不願意做；差一點的企業，又不夠格做試點。現在福耀願意做試點，政府部門很快就派人進駐公司。

陸新之：股改的具體經歷喜憂參半，那兩年您是怎麼度過的？為什麼很多人要退股而您卻全盤接過來，哪怕舉債回購？

曹德旺：1991年8月，我們開始發行股票。很多小股東根本不知道什麼是股票，但是隱約又覺得是個好事情，就花錢來買，一心希望公司上市後手裡的股票價值翻倍。

這個思路是沒錯的，但是當時中國的證券市場剛剛起步，管理者也比較謹慎，不是說掛牌就能掛牌的，能掛牌的企業多是證券所本地企業，或者有影響力的國有企業。一時間，福耀找不到掛牌的機會。

很多人買了福耀的股票，等了一陣子，還沒動靜，想賣給別人也不可行，就沒耐性了，找到公司要求退股。事實上，在1991年年底掛牌交易的萬科，早在1988年年底就公開發行股票，也曾遭遇過股票攤派不出的尷尬。

剛開始，我還給他們分析：福耀發展得不錯，股票肯定會升值，他們退股了將來一定後悔。但是來退股的人多了，不能一一耐心理論，我索性也不勸了，自己花錢回購他們手裡的股票，錢不夠，我就去借，這一借，就是數百萬元。

其實我心裡也沒譜，到底能不能成功上市，誰也不知道。不過我知道一件事，那就是，只要福耀還在發展，這個股票就是有價值的。

與此對應的是，當時的國有汽車產業哀鴻遍野。國外品牌正在進入空白的中國市場，德國福斯在華投資逐年增加，旗下的桑塔納年產6萬輛，與「上海」牌轎車在過去28年裡的總產量相當。

雖然本土汽車產業萎靡不振，但是合資車全面爆發，這樣一來，福耀的汽車玻璃就不怕沒市場。

人物專訪：攪動中國財經風雲的這些人

曹德旺：一心一意做一件事

1993 年 6 月 10 日，福耀正式掛牌上市。開盤價就達到了 44 元每股，比最初 1.5 元每股翻了近 30 倍。由於是首次掛牌，董事會獎勵了我 85 萬股，加上之前借錢回購的三百多萬股，一夜間，我成了億萬富翁。

一般人可能認為，企業上市了，就應該高枕無憂了。實際上，上市只是一個開始。

1993 年上市，我成了億萬富翁，不過那是虛的，只是股票價值，我也沒有全部套現。轉過年來，公司內外局勢開始嚴峻。

分幾個方面來看：

第一，競爭加劇。1987 年福耀成立以後，打破了汽車玻璃行業被國外產品壟斷的格局，不過中國國內也有多達一百多家企業跟風上馬。

市場經濟的特點是，只要有利可圖，就會不斷有人湧進來。競爭者越多，產品價格越低，利潤也越薄。我們不可能禁止別人加入，只能靠品質取勝。但我們沒法控制別人的節奏，而且競爭者生產的產品良莠不齊，有些劣質產品影響整個行業的口碑，福耀也勢必會受到影響。

第二，經濟形勢由熱轉冷。1992～1994 年，中國經濟成長速度罕見地持續超過 13%，之前低速徘徊的疲軟之風無影無蹤，但也導致大量貨幣超發，出現泡沫。大形勢遇冷，福耀投資的地產項目也遇到了一些麻煩。

第三，銀行股東退出。本來我們的股東裡有銀行，但在 1993 年 7 月的全國金融工作會議上，政府要求停止向銀行興辦的經濟實體注入資金並實行徹底脫鉤。政策要求下，福耀的銀行股東必須退出，退出就要找到受讓股份的股東，時不我待。

那段時間的危機接二連三，企業上市的欣喜一時間煙消雲散，我感到身心俱疲。

銀行要退出，一般企業的做法肯定是拒絕銀行退，把銀行耗在裡面。如果大家都說退股就退股，公司根本無法正常運營，那麼多股份找誰來接手？

但我沒這麼做，銀行當初入股了 2000 多萬元，為我們提供了資金支持，現在不讓人家退出，有點耍流氓的感覺，那不是福耀做的事。

具體怎麼退呢？我沒有現金，就把銀行的股份轉為貸款。可是貸款也是包袱，當年各方不利因素齊發力，企業利潤率持續走低，低到甚至剛夠還貸款利息。

有問題，就去解決問題。進行資產重組勢在必行。

由於投資地產項目、證券業都是經過大股東決議的，現在遇到困難了，我認為大股東也要負責。

他們問我怎麼負責，我建議，我出面幫他們賣掉手上的股票，變成現金，再用這筆錢從福耀集團購買當初投資的地產項目「耀華工業村」，這樣一來，福耀不但剝離了副業，還有了充足的現金。

雖然福耀的大股東全部退出主業，但他們也沒有損失，他們當初投資的本金早就收回去了，透過現在這個方案，他們手裡還有工業村項目，等度過難關，把項目賣掉，還是能賺錢。

股東很支持我的方案，其中緣由，除了我幫他們賺到錢這一點，多年以來我做事的態度也足以博得他們的信任。

方案一經通過，我立刻著手實施。大股東的股票賣給香港一家公司。那家公司的負責人和我是老朋友，我和他說，他買下這些股份，實際上相當於借給我錢，兩年內，我幫他找到接手的，找不到的話我自己吃回去。

人家一聽，也很信任我，痛快接手了，股票一共賣了一億多元。福耀甩掉工業村這個項目後，斥資萬達汽車玻璃廠，目標是做成中國最先進的汽車配件廠。

總結起來，公司在這年的主要方向是回歸主業，具體表現就是出讓福耀工業村項目、出售福耀裝飾工程公司、收回證券市場的投資、全力建設萬達汽車玻璃項目。

人物專訪：攪動中國財經風雲的這些人
曹德旺：一心一意做一件事

到 1996 年，萬達一期工程完成並投產，接下去的二期建設以及後來的法國聖戈班入股，都標誌著福耀進一步加強主營業務實力、開拓全新的汽車玻璃市場。

慢慢地，福耀的未來又清晰起來。

細細回想起來，這些都是福耀在過去的發展中走過的路，有的人可能覺得這些是彎路，我卻不這麼認為。對於一個企業而言，在過去三十多年裡走過的每一步都是無法繞開的，大可不必為此焦慮擔憂，甚至應當重新評估這些所謂「彎路」的價值。

福耀上市很早，但是從證券市場募集的資金並不多，現在很多公司一上市動輒募集好幾十億元，相比之下，福耀顯得有點吃虧，有些人替我惋惜。

就我個人而言，我認為錢沒有多大吸引力，我在銀行裡沒有存款，賺來的錢都拿去投資了。

當然，作為公司的總裁，我必須追求利益最大化，這是角色決定的。如果為了我自己賺錢，早就沒必要了，因為已經賺夠了，幾輩子都花不完，錢在我這裡成了一個數字。可是為了公司就不一樣，需要創造效益，以利潤回報給投資者和社會，這才是一個企業家的價值所在。

同樣，企業上市，其募集資金的目的是為了滿足發展的需要，而不是拿了錢就去買進口車、豪宅。我聽說過太多這樣的例子了，有的公司只憑藉一個概念，就可以把股票炒上天，然後拿著錢去揮霍，那個概念也不了了之。

這樣的事情，說實話我是瞧不上的，圈錢是個危險的遊戲，也是個無聊的遊戲。

福耀沒想過一夜暴富，也沒想著透過股市圈錢，反而把利潤加倍回報股東，重新投入生產，這也讓福耀一度成為上海證券交易所唯一一支分紅大於募集資金的股票。

企業發行股票是手段，不是目的。你融資，是為了股東，為了企業更扎實地向前邁進，而不是把錢裝到個別人的口袋裡，追求所謂的「快錢」。

福耀從高山異型玻璃廠這樣一個鄉鎮企業，透過股份制改造，成為汽車玻璃行業的標竿，遵循的就是這樣的原則。

我做股票是虧本的，但是企業發展得很好，所以我很滿足，這正是我的價值取向。

▎經營策略：「什麼賺錢做什麼」不可靠

陸新之：30 年來，您專心於汽車玻璃一個領域，有沒有想過多元化，做些房地產、礦產方面的投資？

曹德旺：福耀曾有過一段短暫的多元化經歷。

股份制改造之後，我一心一意發展企業，業務上去了，錢自然來了，百分之百地回報給股東、回報給投資者，他們高興，我也高興。

那時候風光無限，感覺事業越來越大，公司也是公眾公司了，責任也更重大了，這時候我也有強烈的追求利潤的慾望，但目的是為了股東利益，為了做強企業。

一心想把企業做大做強，對於企業下一步如何運營更要多花心思。

當時福耀的主業是汽車玻璃，1991 年發行股票募集到資金以後，我也開始涉足房地產。是和汽車工業相關的，不是住宅；裝修工程也做了一些。這兩個副業產生了一些利潤，微不足道。所以，當時很多人從我們披露的年報發現，原來除了汽車玻璃，福耀還涉及房地產、裝修工程和證券等多個領域。

現在回想起來，之所以去做副業還是因為當時形勢使然，不是主動轉向，而是「順帶」的。反正企業周轉還算順暢，利潤率也高，就有閒心順帶做點相關產業。

回顧這種「什麼賺錢做什麼」的思路，其實是不太可靠的。

1993～1994 年，很多朋友建議，讓我要保持專業，杜絕多元化。其中新加坡交易所一位專業人士告訴我，國際上優秀的大公司多是專業化經營，人們願意買福耀的玻璃，未必願意買福耀的房子。

人物專訪：攪動中國財經風雲的這些人

曹德旺：一心一意做一件事

一直以來，我也知道，我是必須一心一意做一件事的人，不能分心。

我開始有意識剝離副業，1994 年對外轉讓了福耀工業村和裝飾公司的投資；1995 年又收回南方證券的投資，用於福建萬達汽車玻璃公司的發展。

我從開始做玻璃到現在始終堅持這個觀念——中國人應該有一片自己做的玻璃。我向我的員工承諾，我們一起做中國自己的玻璃。

陸新之：2006 年人民幣升值，包括後來的金融危機，您總能提前預測到風險會發生，是靠一種商業直覺，還是其他的什麼？

曹德旺：主要是透過現象判斷未來。任何事情皆有因果。

2008 年美國第四大投信——雷曼兄弟申請破產保護。雷曼兄弟倒閉，是美國次貸危機蔓延為全球性金融危機的重要標誌，各國紛紛公布救市計劃。中國也公布了 4 萬億經濟刺激計劃救市，其中超過一萬五千億元投入到基礎建設領域，並拉動了幾十萬億元的投資。房地產、基建、能源出現爆炸式成長。但現在回過頭來看，這一定是好事嗎？

新中國成立到現在，大致分為前後三十年。前三十年，憑票供應，買一包香菸都要有中國發行的票據，為完全計劃經濟，根源是完全缺乏產能。後三十年，又可以細分為兩個階段。第一個階段，從改革開放初期到 1993 年。整個中國只有兩億美元國庫儲備，很多領域仍實行計劃體制，一直到 1993 年，票證時代正式終結。第二個階段，從全國取消票證至今，也不過 20 年時間。

20 年，這麼短的時間，我們做了什麼？舉辦了奧運會、世博會、花博會，修了高速公路、高速鐵路、機場，大力發展太陽能、風能，地產商們建了一大堆房子，也帶動了周邊產業如煤炭、玻璃、鋼鐵、水泥等的快速發展，整個中國經濟彷彿一夜間就呈現爆發式成長。

以上事情，都是中國幾千年來都沒有發生過的，卻全部在這短短幾十年內爆發。為了蓋房子，中國人幾乎全民動員。從一個極端走向另一個極端，大量產品出現過剩，如商場過剩、酒店過剩。總之，有限的資源被集中在幾個重點扶持的行業裡。這是很危險的，也與市場經濟的核心並不吻合。

這十幾年我們建造了多少房子？如果產業不調整，繼續蓋房子，地下都挖空了。而且房地產行業對整個國民經濟的破壞相當大。它在與製造業爭奪勞動力、資金，催生物流成本、勞動力上漲，引發了通貨膨脹。

很多人說，商業地產不是一個新的方向嗎？而且，不斷加速的城市化進程，又給商業地產帶來更大的發展機會。為了配合商業發展，中國又建立了大量大型賣場。但現在有電子商務，結果就存疑了。電子商務導致大量商場蕭條，造成資源過剩。

再往大處著眼，電子商務對中國經濟的衝擊遠不只商場蕭條。有這樣一道選擇題：一批貨利用火車從一個城市運到另一個城市快，還是快遞員一件一件地把貨物送到買家手裡速度快？而且，千家萬戶到商場購買產品，購買的車費由消費者自行承擔，現在則由一個一個的快遞員派送，產生的高額快遞成本該由誰來承擔？

早在 2006 年，我就根據這些現象預測到未來幾年裡可能出現的風險，比如中國對外貿易改革，匯率將在可控範圍內進行浮動，做出口的企業會受到影響，如果效益沒有在現有基礎上提高 20%，就會虧損。

針對這一改變，福耀採取了四項措施：

第一，停止一切擴張性再投資。第二，關閉那些可能造成虧損的子公司。如關閉了 4 條浮法玻璃生產線，捨棄建築玻璃，集中生產小批量、多品種的汽車玻璃。第三，抓緊清理債務。第四，開展一場「降低成本提高利潤」的自我完善運動。

事實證明，這些政策都非常有針對性，所以到 2008 年，福耀的成本降低了 30%，金融危機爆發時，我們才能安然無恙。

陸新之：中國製造業現在處於困難時期，您也表示過製造業很苦，在您看來，中國製造如何走出現在的困境？

曹德旺：中國人喜歡湊熱鬧、隨大流，這是很讓人頭疼的地方。今天很多中國人為席捲全球的「中國製造」高興，覺得我們占領了世界，可是很少思考，「中國製造」都製造了些什麼，是航天飛機還是服裝鞋帽。

人物專訪：攪動中國財經風雲的這些人

曹德旺：一心一意做一件事

很多時候情況是這樣的：我們向別人出口電腦，別人卻向我們出口硬碟或晶片；或者我們出口給別人汽車，但引擎卻要進口。我們的捲菸賣得很好，但捲菸機卻全靠進口。大家想想要賣出多少捲菸的利潤賺夠一台捲菸機？我們接下跨國公司的訂單，幫他們生產、組裝，最後貼他們的牌子。「中國製造」很多時候賣的是低附加值，而高附加值的東西統統讓別人賺去了。

我們基本上處於行業的下游出口，而上游的東西還要靠進口。就像我賣玻璃。實際上我並不高興。講個笑話：我是含著眼淚把玻璃賣給他們的。不是說我做得比人家好，而是因為人家的成本比我們高，這些傳統行業就分給其他國家做去了。我盼望著有一天美國人長期把玻璃賣給我們，又便宜又好的玻璃全是進口的。中國人應該把上游和下游一起做，每個企業最好都能有獨立的人格，能夠掌握該行業的核心技術，做到自力更生。

▌陸新之：您是如何塑造品牌的？

曹德旺：每逢有人問我品牌是什麼，我總是跟他們提到我母親教誨我的一句話：「君子動口要小心，口這個字，一共三筆，一筆都少不了，要贏得別人的尊重，一定要謹記，說話要負責，要有份量，不能亂說。」

我做企業這麼多年，時刻謹記這句話，大概因為如此，我的企業雖然成了行業龍頭，坐擁數百億資產，外界卻鮮有關於我的風言風語。

我認為，從「口」出發，決定了一個企業家能打造一個什麼樣的品牌。我出言謹慎，從不亂說話，說出來的話就一定要兌現。由此，我塑造的品牌——「福耀」，也具備了這樣的特質。

一個「口」字，蘊含了「責任、認真、誠懇、份量」；而三個「口」字就是「品」，這就是品牌最重要的根基。

所以，塑造品牌其實就要做到三個「品」：

第一，人品。我反覆強調，做企業首先是做人，而做人一定要言而有信、無私奉獻。一個說話有份量、做事不斤斤計較、樂於去幫助他人的人，就能

贏得別人的尊重。這樣的品質用來做企業，這個企業也一定是值得尊敬的企業。

第二，品牌除了人品，接下來就是產品。一個品牌，它是做什麼產品的，至關重要。還是我說過的，企業家不能從眾，不要隨大流去選擇市場上已經泛濫的東西。當然，要做到這點，其實不容易，因為需要企業家獨到的目光與智慧，更重要的是，需要企業家為之付出更多的心血與努力。

一直以來，福耀專注於同一種產品，並且不斷深化、細化，奉行的是「一生只做一件事」。在三十多年的奮鬥過程中，我們遇到過若干次誘惑，那些看起來前景遠大、投入小回報高的行業，十分令人心動，但我們始終知道，福耀就是做玻璃的，別的一概不考慮。

第三，品牌的內在是品質。福耀能有今天的成就，和我們一開始就注重品質的做法密不可分。剛創立的時候，去國外購買一套生產設備就需要大舉借債，但福耀咬牙做了這件事，生產出來的產品就是和小作坊的不一樣；再後來，我們的各條生產線都是全世界頂尖的，來福耀工廠參觀過的朋友，都心服口服，認為我們取得成就是理所應當的。

反觀當年一窩蜂湧上來做玻璃的小廠，它們注重的不是品質，而是利潤，說到底是一種短期行為，包括它們出口到美國的產品，因為不達標，不得不賠錢賤賣，也因此引發了美國商務部對中國玻璃傾銷的調查。

這樣的產品，根本談不上品質，更遑論品牌了。

管理之道：斤斤計較的人，不值得我與他合作

陸新之：您個人比較認同稻盛和夫的管理經驗，您如何看待管理的三種手段——導向手段、考核手段、激勵手段？

曹德旺：導向就是你引導大家明確發展方向，並告訴別人要怎麼做；考核就是具體的執行過程，要做到什麼程度才算達到目標；激勵包括兩方面，就是達到目標進行嘉獎、做不到進行懲罰，目的一樣，都是激勵他更努力。

人物專訪：攪動中國財經風雲的這些人
曹德旺：一心一意做一件事

當然，斤斤計較的人，永遠不值得我與他合作，獎懲都是手段，不是目的，如果發一筆獎金才願意動一動，那就陷入死循環了，也是本末倒置。

陸新之：1995 年，集團副總經理白照華加入福耀玻璃，短短幾分鐘交談後，您就把新建的萬達工廠交給了他。您選用人才的標準是什麼？

曹德旺：不管什麼企業，肯定喜歡機靈的人。我們常說一句話：調皮的孩子長大以後才有出息。調皮不是重點，機靈、肯動腦筋才是重點。

1962 年，剛剛經過「三年災害時期」，整個中國經濟陷入蕭條，工廠關閉，糧食短缺。

在農村，基本家家都吃不飽飯。我家也不例外，飢餓的感覺，我永遠忘不了，除了生理上的痛苦，也會讓人內心虛無。

但是人和其他動物又不一樣，人之所以是人，在我看來，最大的區別就在於，人在極力滿足生理慾望的同時，他的行動仍然是在大腦的支配之下，而非生理的本能支配。動物為了填飽肚子，有可能飢不擇食，胡亂遊走；而人不是，雖然有時候為了填飽肚子，人也會突破常規，但這種打破常規的做法，依然存在底線。

以我當時飢餓的程度，為了找吃的，突破常規是必須而為，但僅僅是對常規的突破。我一直信奉一個人生信條——人可以「皮」，但不能壞。

我所理解的「皮」，實際上是充分發揮主觀能動性，不墨守成規，想方設法面對你的困境並解決問題。這就需要動腦筋，但不是動歪腦筋，不是去傷天害理，不能為了滿足自己的需求而無端侵占別人的利益。

有那麼一陣子，我發現鄰居家有魚吃。在當時都吃不飽飯的條件下，他們竟然有魚吃，這是個讓人不得不好奇的事情。我百思不得其解，為什麼人家有魚吃，我家卻挨餓？

生活中，大多數人面對這樣的局面，第一反應是不平衡，所謂不患寡而患不均，中國人是這方面的典型。當時年少，我卻從未有過「不平衡」，也

陸新之：您是如何塑造品牌的？

許是因為無暇顧及，我心裡想的唯一一件事就是：別人家有飯吃，那說明我也餓不死。

我就去觀察和打聽，人家見我是個孩子，也沒警戒和隱瞞，說這魚是從公社的農場裡來的。可是農場裡的魚怎麼會到家中，具體又是怎麼抓到的？人家沒說，這得自己想辦法了。

很快，我就發現了祕密。原來，農場在海邊，一到下雨天，海水會隨著雨水溢出來，魚就游到水庫裡。水庫被灌進海水，就要換水。

此時，正是抓魚的好時機。

當然，水庫也是有人看守的，沒辦法光明正大地抓魚。怎麼辦？這時候我就「皮」了，等晚上水庫的人都回家後，一個人偷偷跑到水庫附近，開閘換水。水放出來，魚也就沖出來了，一個晚上，能沖出來幾百斤的鹹水魚。

我發現這個祕密的欣喜只持續了幾天，因為別人也發現了。抓魚的人多了，農場也要想辦法整治。有一天下雨之後，我又去抓魚，結果魚沒抓到，我被抓了。

當時被抓住的人有七八個，十幾歲的孩子有兩個，我是其中之一。我們被關在一個小房子裡，餓得前胸貼後背，隔壁還飄來燉魚的香味。

大家想辦法逃出去。我看到牆上有個小窗戶，只容下瘦弱的人勉強鑽出。幾個人面面相覷，決定一起扶著體型最瘦小的我從窗戶爬出去。原本約定我出去之後再開門放他們出來，可是我剛從窗戶跳下去，隔壁的人就聽見動靜追了出來，我只好落荒而逃。

回想起來，那個年代，大家的「皮」是被逼無奈的，但是「皮」的人有飯吃，而且在我看來，那些魚其實也不是公社的財產，是老天給飯吃。如果是農場養的魚，我也不會去偷。

這也是福耀用人的理念。

既然企業要用機靈的人，那麼福耀的工作人員必然來自五湖四海。就比如我們在東北的分廠，負責人既不是東北本地人，也不是福清派過去的，而

人物專訪：攪動中國財經風雲的這些人

曹德旺：一心一意做一件事

是一個湖北人。因為有才華的人，一定不會只出生在同一個地方。我是福清的，但我不搞地域歧視，更不任人唯親，這是福耀的文化。

當然，凡事不能絕對化。我們喜歡有才華的人，但也不是無條件的。就算你再有才華，有幾個底線也是不能觸犯的，那就是：貪汙，盜竊，觸犯刑律。一旦企業員工有這些行為，我一概「斬立決」，堅決不再用。

對於有才華的人，企業會包容他的其他缺陷，比如男女關係出了問題，這不會讓我把他視為不可再用的人。在我看來，男女關係處理不好，只是私德，他並沒有主觀故意去損害機構的利益，這和貪汙盜竊還是有本質區別的。

精英型員工替企業創造財富、踏實型員工為企業塑造忠誠，這就是我對用人的理解。

陸新之：2007年，福耀有一名實習生得了白血病，您個人為他支付了100多萬元的醫藥費。對一個實習生如此大方，也許很多人覺得不值，您是怎樣想的？

曹德旺：那個小伙子來自單親家庭，與母親相依為命，家裡情況不是太好。我得知他得了白血病後，馬上讓人把他送到了癌症醫院。

人事經理說，那可能要花費幾十萬元。我說，我知道，但相遇即是緣分，該救還是要救。

小時候，我母親就對我諄諄教誨——出門做生意，如果有天早上開門發現有人病倒在門前，先摸一摸溫度，如果尚有呼吸，就燒一杯水給他喝，然後找大夫來救人。為什麼要如此？因為他病倒在你門前，這就是有緣人。

後來，那位實習生神奇般地治癒了，也算是一場有始有終的緣分。

這種事情在我們公司不是個案，但我的反應是一致的，見死不救不是我的作風。

2000年，春節剛過，有天早上我接到了公司打來的電話，說有個年輕的員工前一天晚上和朋友喝酒，感覺肚子很痛，去醫院一查，確診為肝癌晚期。

打電話來的人和我說，要不把他父母叫來，給幾萬塊錢安置費，讓他們回家去吧。

我立刻拒絕了他的建議，讓他趕快把員工轉到福州癌症醫院，治不治得好也要治了再說。

到了公司，那位員工的父母已經趕到了，聽了我的表態後，當場就要下跪。他們以為福耀是民營企業，不可能像國企一樣顧及職工的生老病死，遇到問題肯定是能推就推了。

過了大半年，在當年中秋節前後，那位患病員工的病情並無好轉，反而愈加嚴重，治療無望，人也眼看著不行了。臨行前，他的父親又來找我，要借車把人帶回老家，我就租了一輛救護車，把人送回家。沒多久，人就過世了。

沒想到，人過世了之後，那位員工的父親帶著一大票人來公司鬧事。

我就跟他談，我說公司已經盡到人道主義的義務，給員工治病也花了十幾萬，公司有情有義，怎麼又來鬧事？這不是恩將仇報嗎？他說家裡確實有困難。我說，你現在去公司財務拿兩萬塊錢，不要再鬧了，我看你今天來講道理的人少、想打架的人多，如果再鬧，就交給有關部門，我不管了。

講這個故事，不是想證明我曹德旺喜歡作秀，而是我一種做人做事的原則。所謂忠恕之道，無外乎有禮有節、知恩圖報。

員工的事情，再小也是和企業聯繫在一起的，以我的觀點來看，企業要盡一切可能幫助員工、尊重員工，讓他們感覺到來自企業的公正對待與尊重，而不是有事就往外推。

開拓海外市場：有人的地方就能做生意

陸新之：2009年5月30日，您獲得安永企業家獎，是該獎項設立以來獲此殊榮的首位華人企業家。這個含金量很高的獎項對於您意味著什麼？

人物專訪：攪動中國財經風雲的這些人

曹德旺：一心一意做一件事

曹德旺：很多人知道我，大概是從 2009 年我獲得安永企業家獎開始的，之後我又成立了慈善基金會，知名度一下就上去了。

2008 年，獲得中國選區冠軍之後，按照慣例，我要在次年 5 月 31 日參加在摩洛哥蒙地卡羅市舉辦的全球評選，一共有 43 位來自各個國家的冠軍代表參選。

當時，我有些惴惴不安，因為參加全球評選要再過大半年，我擔心 2009 年福耀的業績不一定比前一年更好，萬一到時候業務真的降下來了，我還有什麼臉面去？抱著這種想法，我初步決定不去了。

但是後來我又改變主意了。2009 年 5 月，我受朋友邀請去歐洲玩。在國外的時候，有位女士帶著她的小孩請我吃飯，席間她談到，她的小孩太調皮了，前天還跟同學打架，因為這個，同學給他起了個外號，叫他「中國製造」。那位女士解釋說，在當地，「中國製造」是貶義詞中之最，集中了坑矇拐騙、假冒偽劣等最壞的詞義。

一直以來，「中國製造」在全球的聲譽都不是很好，參加安永企業家獎大選恰是改變世界對中國研發生產的品牌印象的契機。於是，我又決定去了。

結果，我獲得了安永企業家獎。頒獎典禮上，主持人問我的感受，我說，我就是來自「貧民窟的百萬富翁」。

大家都笑了。之前在去歐洲的路上，我正好看了《貧民百萬富翁》這部電影，此時用電影名字來講我的感受——百感交集，恰如其分。

獲獎之後，明顯感覺，我的影響力真的提高了。獲獎第二天，恰逢世界企業家協會論壇在法國舉辦，有數千人參加，組委會邀請我和法國農業部長前去演講，給我的演講時間是兩個半小時，講完又接受台下提問，感覺很驕傲。

後來還有一次，我前往德國考察房地產行業，拜訪了當地最大的房產公司。當這家企業的總經理知道我是 2009 年的安永企業家獎得主，送給了我一份珍貴的見面禮：一支萬寶龍鋼筆和一支雪茄。據說那支雪茄價值一千美金，這恰是他對一位標準的企業家的敬意表達。

當然，我還要強調，我能在一群如此優秀的企業家中勝出，捧得安永企業家獎是莫大的榮譽。這個榮譽不僅是我個人的，也是福耀一萬名員工和中國的。

陸新之：在 1995 年，您就將福耀玻璃的首要目標市場轉移到海外，當時是怎樣的契機讓您決定開拓海外市場？對於現在「出海」投入國際市場競爭的中國企業，您有什麼忠告或建議？

曹德旺：1990 年代中期的時候，中國企業的日子普遍不好過，大批企業明星隨之隕落，消費者登台成了主角。

此情此景，我覺得福耀要做的是：休養生息，厚積薄發，甩掉不良資產，集中精力籌建核心項目，適時而動，開拓新市場。這個市場除了形勢不太好的中國，還包括形勢一片大好的海外。

我的想法很簡單：福耀的產品到美國只要三四十美元，而美國同類產品批發價是 50 美元，零售市場更是高達 100 美元。顯而易見，這個市場我有優勢。

1995 年，我們在美國買了一塊地，大概有 600 多畝（一畝 ≈ 666.67 平方公尺。下同），建了倉庫，做起了汽車玻璃的批發分銷。

很多人不理解，覺得我來自福清這樣的小城市，英語也不是很好，怎麼敢跑到美國開廠經商。事實上，我也不是心血來潮。

福耀很早就經由香港實現了國際化，去香港之前也遇到類似的質疑，人家告訴我，不會講英語，人生地不熟，怎麼做生意？我的想法很簡單，只要我便宜幾塊錢，客戶立馬就都跑過來了。到了香港，拿著電話黃頁挨個查，找到電話號碼就直接打過去，果然不出所料，他們接二連三地跑到我下榻的酒店談生意。

我總結出一個簡單的道理：中國人是人，美國人也是人，有人的地方就能做生意。

人物專訪：攪動中國財經風雲的這些人
曹德旺：一心一意做一件事

至於語言問題，這並非關鍵。做主管的，不一定要會講英語，很多主管普通話也講不大清楚，就像我一樣，不過我覺得這不是什麼劣勢，因為我們談判的時候有專業的翻譯。

真正的挑戰是什麼？我們在美國這樣一個完全市場化的國家裡面賣東西，就是要證明自己的企業實力——不僅要推出我們更廉價的產品，更重要的是讓這個市場看到，你有什麼資源和實力能保證產品的品質。

我看過一本美國人寫的書，作者說他曾經坐直升機飛過自由女神像頭頂，讓他驚訝的是，女神像的頭飾做工一絲不苟。他感慨，即使在最有想像力的夢裡，女神像的雕塑家都不可能想到，未來會發明一個裝置，讓人們能夠從空中俯視他的作品的頭頂。但是自由女神像的創造者並未忽視這一部分，而是像雕塑臉部、手臂和腿部一樣做到了盡善盡美。作者寫道：「無論是藝術品，還是其他工作，一定要盡善盡美。因為你永遠不知道，將來有一天會發明出一種工具，讓你的作品的瑕疵一覽無餘。」

這也是福耀的初心。我們的產品，就是要追求完美。只有完美的產品，我才有信心展示給全世界。

和外國人打交道，我也算資深人士了，這其實是一個國際競爭的話題。中國企業家面臨的國際競爭不可避免，只會越來越多，該怎麼看待這種競爭？

以福耀為例，國外汽車玻璃巨頭進入中國，聖戈班算一個，另外的比如皮爾金頓、ASAHI（旭精工株式會社）、PPG（匹茲堡工業集團），也先後來到中國，有媒體驚呼「狼來了」，我不這麼看。

在我看來，第一，他們就算是狼也不必驚慌，因為這畢竟是中國，這裡是我們的大本營；第二，我和對方是競爭關係，但絕對不是你死我活的敵人，我把他們消滅自己拿冠軍，對我而言沒什麼意義，在競爭過程中能提高自己，這才是最重要的，福耀也會在這個過程中走向世界。

比如聖戈班，從歐洲來中國做生意，現在福耀也把生意做到歐洲；日本企業在秦皇島建廠，福耀的玻璃同時也出口到日本；巨頭們在美國有市場份

額，福耀的美國市場份額也在提升；在俄羅斯、韓國，你能拿到的市場份額，福耀也能拿到。

這麼一對比，在中國的交鋒就顯得沒那麼生死攸關了，中國永遠是福耀的大本營，外國企業來了，充其量是派來的小分隊，你一個小隊長怎麼和我們的將帥爭？本身就不是旗鼓相當嘛，更何況，在中國，福耀有一大半的市場份額，其他廠家加起來也只是一小部分，何足掛齒？

陸新之：1996 年，福耀玻璃和國際汽車玻璃龍頭企業法國聖戈班合資成立萬達汽車玻璃有限公司；1999 年，您用 4000 萬美元買斷了聖戈班在福耀的所有股份。當時雙方的合作出現了什麼問題？您為什麼做出這種選擇？

曹德旺：與聖戈班合資前，福耀每年淨利潤接近 5000 萬元，合資之後，1997 年，這個數字大概縮水了 1000 萬。到了 1998 年，竟然持續下降，甚至虧損了 1000 多萬元。

資本市場的表現也每況愈下，福耀一改每年 30% 左右的淨資產收益率，竟然在 1998 年跌到了每股收益 -0.07 元。這是福耀自從 1993 年上市以來第一次出現了虧損，淨資產收益率也跌破 10%，福耀就此失去了未來三年的配股權，在股市上沒有資格進行融資了。

出乎意料的虧損讓我心力交瘁。那段時間，我真的很想「出家」，避開這一切紛擾，心裡就清淨了。當時我每天的生活無比勞累，比在家務農還要辛苦百倍，工作到深夜，換來的是什麼？依舊是一日三餐，躺下不過三尺，還有別人的不理解。這樣的生活，不如出家修行、參禪悟道來得輕鬆。

可是想想容易，實際上能看破紅塵的人又有幾個。我必須咬緊牙關，繼續向前。在我身邊，是和我一樣的幾千名員工，他們與我同路。

痛定思痛，我漸漸看清了造成困境的原因，這些原因看起來錯綜複雜：比如引進了國際審計公司普華永道，審計標準改變；比如合資初期恰逢很多項目剛剛上馬，難見成效；比如 1997 年亞洲金融危機造成外部環境不暢……

人物專訪：攪動中國財經風雲的這些人
曹德旺：一心一意做一件事

不過，說一千道一萬，這些都只是外部原因，根本的原因還在於福耀與聖戈班的策略發展思路存在分歧：聖戈班希望將福耀納入自己的全球發展體系，而福耀則希望藉合資獲得更快速的發展。

在全世界，聖戈班擁有 300 餘家合資公司，福耀只是其中一家。聖戈班會鼎力支持福耀海外擴張嗎？對於法國人來說，如果支持福耀的海外擴張，無異於給自己在全球各地的海外工廠培養新的競爭對手。所以，從一開始，結局就是註定的。

後來，我請了一個美國人幫我分析。

他分析後說，你的策略錯位了，在中國福耀做的是製造業；可是在美國，這屬於服務業。美國市場層級太多，中間層層加價，福耀資金有限，除非有幾十億美元的大資本，否則據點鋪設不夠、物流服務跟不上，競爭力自然喪失殆盡。

他建議我改變銷售模式，改分銷為直銷——關閉倉庫跳過二級批發商，直接對第三級供應商。原來一級批發商賣給二級，價格很便宜，只有 30 多美金，二級賣給三級，五六十美金。我如果直接賣給三級，由於三級要的量小，一個貨櫃三四十個品種，價格就可以賣得更高一點，達到三四十塊錢，但仍然有價格優勢。

我一聽有理，立刻關閉倉庫，清理庫存存貨和有關資產，這個巨大轉型也是當年福耀集團出現巨額虧損的直接原因。

表面來看，這是自斷退路，實際上並非如此。直到今天，我也覺得這是福耀海外市場的關鍵一步，對於很多企業，也都有類似的關鍵步驟。

走出這關鍵的一步之後，福耀的軌跡發生了質的蛻變。到了年底，福耀在美國重新註冊了一個公司，負責與客戶訂合約，然後直接從中國工廠發貨給客戶。

這次直銷轉型顯然立竿見影，次年，福耀美國公司就扭虧為盈，步入正軌。到 2000 年，福耀已在美國占到了 13% 的市場份額，並且還在繼續成長。

我把這件事總結為企業發展到關鍵時刻的策略選擇：與其苟且偷生，不如鳳凰涅槃。

從 1995 年我在美國開廠，到 1996 年牽手聖戈班，再到 1997 年虧損，1998 年美國改分銷為直銷，這一系列變動都讓我重新審視自己的立場。

回顧聖戈班入股之後的每個細節，千言萬語難盡，卻不料最後的結局。

一開始，我擔任合資公司總經理，就發現與法國人溝通不暢。以前，我不認為語言是溝通障礙，到了法國人這裡，卻真的成了問題。不管我用英文還是法文遞交的報告，人家就是聽不懂。

現在想想，一方面，是公司內部有問題，有些細節溝通得不夠；另一方面，可能人家刻意不願聽懂。

這樣磕磕絆絆的合作狀態一直持續到 1999 年春天召開董事會。董事會上，我與聖戈班在年度決算、虧損預提上產生了很大的分歧。我之前也就此事寫過好幾份報告，但對方就是不同意我的方案。

會議桌上的火藥味很濃，爭論陷入僵局，我當場提出辭職，要求辭去萬達玻璃項目的總經理一職。

當時的法國代表叫愛聖華，他問我為什麼。我說，當了三年總經理，提交的很多報告，無論用英文還是法文，他都看不懂，我認為除了故意刁難找不到別的解釋了。公司在待遇方面沒虧待我，但光拿薪水不做事，不是我曹德旺的風格。既然看不懂我的報告，那我現在只說兩個字，辭職，這你應該看得懂吧？

愛聖華略帶尷尬地跟我說：「你作為小股東，應該聽大股東的，大股東說什麼就是什麼，除非你把股份都買回去，你現在要退，那如果我也要退，怎麼辦？」

話外之音，對方是在將我的軍，因為聖戈班有 3000 多萬美金的股份，壓根沒想到我有實力可以把這些股份都收回來。

我的回應很簡單，可以，我買他的股份。

人物專訪：攪動中國財經風雲的這些人
曹德旺：一心一意做一件事

他一開始大概也有點不懂，我接著說，現在不是他買我的股份就是我買他的，但最好的選擇是我買他的。第一，這裡的一草一木都是我種的，每個人都是我培養的，他買了未必能管好；第二，現在他在中國的所有參股公司都在虧損，他收了我的股份還要繼續投資，他肯定不願意。

1999 年 5 月，雙方達成了協議，聖戈班退出，並且承諾在五年內不與福耀在華競爭。

其中，聖戈班持有的福耀股票由我個人收回，大概 1000 萬美金。有朋友可能驚訝，當時我怎麼能一口氣拿出這麼多錢呢？還是得從公司上市說起，我獲得的 300 多萬股股票，變現了一部分，被拿去投資房地產。但我沒有買房，而是買了一大批停車位。沒有這批車位，房子也不好賣，後來開發商就花錢把這些車位收回去了。

除了福耀股票，聖戈班持有的萬達項目 51% 的股份，大概 2600 萬美金，由福耀集團分三年付清。

透過此舉，我以 64% 的持股比例成了福耀最大的股東。

陸新之：2001 年年底，中國加入世界貿易組織（WTO）後不久，福耀玻璃在內的中國汽車玻璃行業接受反傾銷調查。在歷時 4 年多的反傾銷官司中，您是怎樣帶領團隊打贏這場舉世聞名、曠日持久的官司的？

曹德旺：我一直在思考，為什麼我奉公守法，會被美國人視作傾銷？一個重要的原因在於，我是中國人。

在美國，很多中國企業看到福耀在美國取得的成功，也紛紛進入美國。在中國國內我也碰到過，別人看見你做玻璃賺錢，就一窩蜂地湧上來。

就我個人而言，並不排斥正當競爭，但是中國國內很多企業並沒有相應的資質，他們蜂擁而入後，發現自己的產品根本不達標，產品積壓嚴重，就瘋狂降價，一片玻璃甚至降到幾塊美金也賣。

中國生產的玻璃在海外價格越來越低，美國商務部應 PPG 等同行業幾家公司的申請，開始對福耀玻璃進行傾銷調查。

獲知這個消息之後，我非常震驚。

如果我不上訴，按照美國商務部判決繳納罰款，原來用於出口美國的產品其實在中國也完全能消化，但這不是我的風格，而且最關鍵的是，我認為美國人所說的「福耀拿了中國政府的補貼，再低價把產品拿到美國來傾銷」真是無稽之談。

在此之前，我認為美國是老牌市場經濟國家，在 WTO 條約國中活動活躍，在平時的貿易活動中也一貫推行 WTO 的「公平、公開、公正」原則。同時，它還是一個老牌的憲制國家，它應該會維護公平的裁判。

出於這種考慮，我親自帶隊前往美國，積極接受調查，並組織應訴。

但是第一輪應訴結束之後，我恍然大悟，反傾銷官司根本不像我設想得那麼簡單。這是一個政治問題，而不是商業問題。對方根本沒有認真調查我們的商業成本，而是信口開河，一旦進入訴訟階段，美國方面就會對我們開徵高額稅收，這樣一來，就算訴訟沒有定論，但是在漫長的訴訟階段，稅金就能把我們拖垮。

後來的判決證明我是錯的。2002 年 4 月，美國商務部裁定福耀在美國的傾銷幅度 11.8%。此時，我意識到這不但是在枉法裁判，更是國家對國家間的一種貿易報復和懲罰。

面對困境，以我的性格，寧可戰死也不會屈服，更何況所謂的「反傾銷」根本是「欲加之罪何患無辭」，我絕不接受這種不公。

接下來，我也打出了自己的「組合拳」：

第一，聘請美國最好的律師，哪怕為此支付高達數百萬美金的律師費也在所不惜，將美國商務部和 PPG 為首的幾家美國企業一起訴至美國國際貿易法院。

第二，我以個人名義，在北京贊助對外經濟貿易大學成立「福耀反傾銷研究中心」。同時，在新聞媒體上我們頻繁發言，揭露美國商務部的不良居心，也呼籲相關部門或企業對美國公司在中國大陸銷售的農產品進行調查。

在訴訟進程中，我的思想其實也在轉變。最開始，我們感受到的是歧視、委屈，隨著訴訟進一步深入，我覺得，既然這是一件看起來不利的事情，為什麼我們不用更積極主動的心態來看待呢？

清楚這一點後，我逐漸從憤怒和委屈等情緒中走出來，轉向主動應對。

美國人聲勢浩大地調查福耀，也說明美國人把福耀當成對手了，如果敗訴，我們就必須退出美國這個市場；如果勝訴，將預示著我們再美國市場占有率的快速成長。之所以稱這是一場生死博弈，原因也在此。

在對方看來，這是一場勢在必得的戰役。

在美國周旋的一年期間，對方還跑去加拿大起訴福耀，拉長戰線。我們透過律師進行調查，PPG在加拿大銷售的產品也是在美國生產，然後出口到加拿大的。我們的律師就當庭質詢法官，請問加拿大是一個主權國家，還是美國的一個州？

如果是主權國家，那麼美國PPG和中國福耀，在加拿大同屬於國外公司，對方就沒有資格對我們提起反傾銷訴訟。

對此質詢，當庭要PPG代表手按聖經起誓，說明他們在加拿大的產品不是進口而是本地生產。做賊心虛，PPG代表當然不敢。

加拿大判決PPG敗訴

重回美國，繼續在他們的大本營與他們周旋。我們的團隊為了打贏這場公司，辛苦奮戰的情景也讓我感動。我也有感而發，在一個企業裡最好當的就是總裁。我每天晚上10點按時睡覺，那幾百公斤的應訴文件表格都是應訴反傾銷小組加班熬夜完成的。

大概過了大半年，一天晚上我正在睡覺，反傾銷小組的同事忽然打來電話，我睡得迷迷糊糊，電話那邊很興奮，說是我們在美國勝訴了。我當時還有點生氣，抱怨他們，勝訴就勝訴了，明天再說也行，何必大半夜的給我打電話。

第二天我才知道，他們當天晚上給我打完電話又出去慶祝，喝了好幾箱啤酒。想想也是，長達一年多的訴訟終於有了好結果。而且，這起訴訟還是中國加入 WTO 之後的第一起贏得反傾銷訴訟的案例，能不興奮嗎？

2003 年 12 月，美國國際貿易法院對福耀上訴書上 9 項主張中的 8 項予以贊同，同時將該案退回美商務部重審。

2004 年 10 月，仲裁結果出爐：美國商務部以後僅對福耀玻璃僅徵收 0.13% 的關稅，預計可返還約 400 萬美元稅款。

總結起來，我們贏得訴訟有幾點原因：

第一，策略得當。從一開始，對方堅稱我們享受國家補貼，後來經過雙方舉證，我們是民營公司，這個大的出發點他們就錯了，而我們是無辜的。

第二，我們的財務報表很完整，在公司內部的 ERP 系統上，想作假都不行，這個幫了我們。

第三，策略有針對性，就是我那位律師朋友支的招，把對方三家公司中最有影響力的 PPG 拉出來，轉變為合作夥伴，以此達到分化對方的目的。

經過和美國人的這場博弈，我對美國的思考卻不止於商業了，畢竟，在這裡做生意，商業環境並不比中國國內簡單。

政商關係：中國官員的腐敗和散漫，多數是企業家培養出來的

陸新之：對於一名中國企業家而言，政府和企業的互動應當是良性的，您的企業是這方面的一個典範，如何做到這一點？您自稱沒「送過一盒月餅」「對官員很摳」，您如何看待現在的政商關係？

曹德旺：我性格很直，以前得罪了很多人，後來變得略微變通了，但仍然不會在自己正確的前提下對任何人俯首稱臣；我沒向官員和銀行送過一盒月餅，也很少沾染所謂的「圈子文化」，我雖然是福州市企業家協會名譽會長，但這個名號是別人給的，相關活動我也甚少參加。

福耀在這方面也打上了我的烙印，說好聽點是「耿直」，其實就是不擅長公關。在我看來，所謂企業公關，最終的結果是為貪腐做了溫床，所以我

人物專訪：攪動中國財經風雲的這些人
曹德旺：一心一意做一件事

曾經對媒體說過這樣的話：「中國一些官員的腐敗和散漫，很多時候是企業家慢慢培養出來的。」

1986 年，高山鎮黨委找我的麻煩，為什麼？歸根結底是因為我不巴結他們、不買他們的帳。

當時我據理力爭，憑一己之力與整個鎮裡的團隊抗爭。

其實還有一個內情，當時福建省的農村整黨活動，由農委主導，我哥哥當時在省農委任職，我與高山鎮黨委發生矛盾的文件也到他手裡了。

高山鎮根本不知道我的親哥哥在省裡主管這件事，我告訴我哥，叫他不要管這件事，我倒要看他們到底能鬧到什麼地步。

我哥做過《福建日報》的記者，當過中學老師，後來才進入政府部門。也因為這場風波，省裡前來調查的主管們重新認識了他，覺得此人不徇私情，可堪大用，後來推薦給更高層主管，正處級直接轉為副廳。

我不希望他插手我的事情，也是不希望別人在背後指指點點，說我曹德旺是因為在政界有關係，做生意才得心應手。那不是我想要的。

事後回首來時路，也會略微覺得自己執拗的堅持，有點矯枉過正。

1987 年，福耀公司成立以後，第一任董事長是當時的福清縣副縣長，他讓自己的外甥承包公司的所有工程，我當然不同意，就折衷了一下，讓他修圍牆，我心想這個質量不好也關係不大。

但是圍牆的質量實在是太糟糕，我扣了他 40% 的工程款，要求重新修整，保證圍牆的質量達到我設計標準的 90%，就付錢。對方不肯答應，董事長跑來找我吵架，我堅持不給。

類似的事情真是太多了：

1987 年年底，一個廳級幹部要請我吃飯，我當時覺得很不妥，我就跟他說：「有什麼事你就跟我直說吧！」那個幹部就對我講，說自己馬上要退休了，想在退休前替福清做點事情，因為他是福清人。他要為福清辦的事情就是在

當地舉辦一次龍舟賽，希望我拿出 5 萬元的贊助，說好冠軍的獎盃就叫「福耀杯」。

我爽快地同意了，給了他 5 萬元，還簽了合約。結果後來他又透過省裡其他的幹部多方疏通關係，最後找到一個著名的印尼華僑，拿到 60 萬港幣的贊助。

可是他跟我簽的合約在前，他就開始耍賴，也不請我吃飯了，而是把我叫到他的辦公室，跟我說：「國際賽會如果以企業命名不妥，應該改成福建省國際龍舟邀請賽。」我說：「主管說不妥那肯定是不妥，主管說的話永遠都是對的，那不對怎麼辦呢？」他不給明確答覆。過幾天，他又把我找去，跟我說：「現在改成國際杯了，那第一名應該是省長發了吧？」言外之意，省長的規格高，冠軍的獎盃叫「福耀杯」不合適。我說：「那你不是有第二名、第三名的嗎？」但對方還是不同意，跟我繞了半天，最後我聽懂了，要把「福耀杯」當作紀念杯發下去。

我問為什麼，他說別人拿了 60 萬港幣做贊助啊！我當時異常氣憤，就與他有了比較激烈的爭執，他說：「那你先回去。」我回企業後，派公關部的人與他談判，談判無果。比賽那天，我只派我的公司警衛去參加。可是他們又偏來請我，說讓我去給冠軍頒獎。

我當然知道這是在騙我了，於是心裡打定主意，這口氣一定要出。到了頒獎現場，我把獎盃丟到水裡去，然後拍著桌子指名道姓地指責那個人，當時全場都呆了。我最看不慣的就是這種趨炎附勢的行徑，決意這一輩子都不會和這種人打交道，更不要提交朋友了。我有我的做人和做事原則。

我的原則是什麼呢？那就是——所謂公關，不能隨波逐流，而要給官員設下底線。我有個祕笈，就是「不貪」，佛家持戒，第一就是要戒貪。

很多做企業的人選擇行賄，他的動機就是貪慾。我不一樣，如果我遇到困難，或者和對方談不攏，那我不做了，這總可以了吧？

有人會問，那人家如果故意刁難你呢？

人物專訪：攪動中國財經風雲的這些人
曹德旺：一心一意做一件事

其實沒什麼好刁難的，我在你這裡買地生產，產品賣到全世界各地去，不用你操心，還是納稅大戶，刁難的結果是雙輸。

從本心來講，我不擅長公關，不喜歡公關，也親眼見到行賄者的悲慘下場，換來的不是安全，而是更大的風險。那種風險，我擔待不了，擔待不了的事情我不做，我奉行健康第一，自由第一。

這就叫無慾則剛，只要做到不貪，什麼都容易，心裡會達到很靜的境界，還可以談笑風生地對待這個世界，何樂不為？

陸新之：1986 年，縣裡開展「農村整黨運動」，您的玻璃廠成了其中一個目標，你也被批判。但是，後來為什麼縣委書記又登門為此事向您賠禮道歉？

曹德旺：當時，稅務局把帳本拿走查了幾個月，沒有查出問題，反而發現需要退給我幾萬塊錢的稅，因為我經常把無須繳納的稅種也一併交了上去。調查組隨後進駐工廠，他們懷疑我貪汙。

為什麼有這個罪名？人家振振有辭：第一，抵押貸款的錢作為股本入股，不合規；第二，工廠裡兩年來的接待費報銷了 3 萬元，沒看見發票。

我就開始和他們講道理，我說我抵押貸款入股，是鎮政府蓋的章，鎮長親自給我做的擔保，縣裡也知道。他們說不合法，那也不是我不合法。大不了我退出，這工廠還給政府，怎麼叫貪汙？如果我是貪汙，那他們就是教唆。對方一聽，好，這條劃掉。

再說接待費，這些確實是我批的，可是我把這些用餐發票拿到廠裡財務報銷時，政府派來的會計說，一般請客吃飯都是找建築公司開發票，可以作為固定資產投資算在成本中。是會計讓我這麼做的，你們可以找會計核實。而且，我現在還保存著用餐發票，這頂多算我的失職，怎麼叫貪汙？

我講完後，非常氣憤，向他們拍了桌子，並摔門離開。據說，當時聽我講完，縣委書記感慨，曹德旺厲害，滔滔不絕兩個小時，不用打草稿，而且每一條他都有理，唯一的缺點就是脾氣急。不過人無完人，這個人要用起來，當做人才。

縣委團隊駁回了高山鎮黨委對我的處理意見，還形成了會議紀要。高山鎮不服，繼續往上報，把我的資料送到福州市，專案組下來調查，調查之後的結論是福清縣委的做法沒有錯；高山鎮再上呈省裡，省委也支持縣委；這事情還沒完，他們又把材料送到中紀委，鬧出了大動靜，省市縣一起下來查，最終結論還是曹德旺沒有大錯，工廠要繼續辦，高山鎮黨委改組，相關人員職務降一級，並統統調離。

後來，福清縣的主管帶隊來我家拜年，也算是對之前那場風波的道歉。

我和一些官員吵架也不是一朝一夕了，但我吵完很快就忘了。這是我的特點，對事不對人。做事要計較，做人不能計較。如果別人計較，我管不了，但我始終堅持我的做事原則。前幾年我回高山，偶遇當年找我麻煩的那個幹部，我對他說謝謝，如果沒那場風波，也就沒我的今天。

做慈善：救別人就是救自己

陸新之：其實，作為企業家，您對民生也是非常關注的，而且透過讓人驚訝的慈善舉措去實現這種對社會的回饋，為什麼這樣做？

曹德旺：錢對於我已經不是最重要的東西了，這是肺腑之言，我希望把錢捐出來，去幫助更多的人，讓我們的社會更美好，如果因為我的一點付出，能夠達成所願，那就善莫大焉。

在一個慈善和公益活動相對活躍的環境中，慈善能夠有效促進社會發展。

為什麼這樣講？因為對於一個國家而言，最難解決的是分配——一次分配靠憲法，二次分配靠政策。政策是什麼？法律照顧不到的方面，就是政策。

最常用的政策分兩種，財政和貨幣政策。即便如此，社會還是存在貧富差距的，因為天賦、機會、教育、家庭、健康等各方面原因，導致有的人依然處於貧困之中。

這就是慈善、公益誕生的契機。換言之，慈善是在幫助政府解決其無法顧及的工作，以此促進社會和諧與發展。

人物專訪：攪動中國財經風雲的這些人

曹德旺：一心一意做一件事

企業家總是希望基業長青，除了關心企業自身的業績，更要關心社會環境和諧與否，只有環境和諧，企業才能繼續發展。

這個道理其實很淺顯：以經濟危機為例，美國出現危機是因為過度消費，中國則是因為近30年來開放有餘，改革不足，導致分配出問題，兩極分化太厲害。近年來，中小企業出口遇阻，轉到中國國內滯銷，並不是因為國人不需要，而是因為需要的人沒有錢。

我希望透過慈善，在幫助別人的同時也告訴企業界同仁：要想救自己不能只靠政府，要靠企業自救。中國的問題是缺乏消費群體，我們做公益，幫助大家提升生活水平和消費水平，這樣一來，企業自然好做，所以說，救別人就是救自己。

由此也可看出，慈善是一舉多得的好事。

陸新之：眾所周知，您在慈善方面付出很多，而且與別人不同，有了很多成功案例，您是如何想出這樣一種創新慈善模式的？

曹德旺：2010年3月，西南五省大旱，我決定捐款2億元。消息甫一發出，中國扶貧基金會迅速「盯」上了我。他們希望我能將這筆款項捐給基金會，再透過基金會發放到災民手中。經過多次會面，我最終答應了。捐贈當天，我身邊還有兩個人，一個是我的律師，一個是大陸央視的記者。

律師是代表我來談具體條件的，記者是我帶來監督他們的。

在善款下發之後，由我方人員組成的監督委員會將隨機抽檢10%的家庭，如發現不合格率超過1%，中國扶貧基金會需按照查抽獲得的超過1%部分缺損比例的30倍予以賠償。

為保障項目運轉，基金會一般會收取善款一部分的「管理費」，行規一般為善款的8%～10%，但我只願意給1.5%，也就是300萬元。

經扶貧基金會初步核算，至少要項目管理費的5%才能做成。我開出的條件讓他們無法接受，經過討價還價，最後各讓一步，確定為3%，也就是600萬元。

此外，所有項目需要在 11 月 30 日之前完成。在此之後，如果還有捐贈款沒有發放到戶，這些善款將全部收回。

我不認為這些規定是苛刻的——我賑濟災區，災區的那些幹部「吃皇糧」，必須為老百姓服務，我當然可以不付他們的薪酬，政府已經付過了。至於準確率，必須按照我的要求，你可以做得到為什麼不做？災區正處於水深火熱之中，你不及時把錢發下去，磨磨蹭蹭是何用意？

陸新之：2011 年，您捐出福耀玻璃的 14.98% 股權創辦河仁慈善基金會，這引起社會各方的關注，也有一些爭論。當初您為什麼用捐贈股權的方式成立基金會，而不是用錢？

曹德旺：慈善應該怎麼來做？在我看來，靠制度。

2011 年，在僑辦主管的幫忙下，福耀捐資成立慈善基金會終於獲得了批准，這也是中國第一家由民營機構出資成立的慈善公益性質基金會，在制度層面，是一種創新。

由於是首吃螃蟹，涉及法律障礙和民政部、財政部、證監會和國稅總局等多部門程序，雖然歷時三年，但各部門已屬高效運作，能獲批既是源於中央政府及主管對福耀公司數十年良好記錄的信任，也說明中央政府認識到慈善基金這一社會財富再分配工具的重要性。

具體捐資數額方面，最初我打算捐掉一半財產，但由於福耀是上市公司，那麼多數額同時捐出將觸動中國證監會《上市公司收購管理辦法》第四章第 47 條規定的全面收購要約，因而改為捐贈 5.9 億股。

為了配合中國法律對保持資本市場穩定的要求，同時為避免股權轉讓影響福耀公司正常運營，所以對實際捐贈股數進行修改。

福耀集團是全球性公司，受益於中國改革開放，因而基金會設在首都北京。原始基金為 2000 萬元，主管單位為國務院僑務辦公室，法定代表人為基金會理事長，管理模式為理事會領導下的祕書長負責制，定位為資助性慈善基金。

人物專訪：攪動中國財經風雲的這些人

曹德旺：一心一意做一件事

「河仁」二字取自我父親的名字，寓意「上善若水、厚德載物」。在基金會架構上，我們邀請了13名知名人士任理事，重大事項均由理事會決策，理事會由監事會監督，在理事會閉幕期間，由聘任的祕書長執行決議並負責日常運營，下設人事行政部、資金管理部、項目管理部和財務部四部門。

由於基金會有保值增值需求，我們還邀請了招商證券總裁余唯佳、中國銀行浙江分行行長陳碩、民生銀行私人銀行行長朱德珍及香港基金總裁馬雪珍等知名財經專家擔任理事。

這些理事均無薪酬，屬義工性質，理事長由我的兄長曹德淦擔任。

基金會將文化、教育、醫療、衛生、環境納入救助範圍，由於是資助型機構，未來中國國內各大慈善機構，例如中國扶貧基金會、中國紅十字會均可向該基金會申請項目，河仁基金會將就認可項目與之簽訂合約並撥款，最終對項目執行情況進行驗收。

為了讓「每一分錢的去向都要讓社會知道」，我們也聘請了國際知名會計師事務所參與審計，每年定期公開審計報告及慈善項目名單。

陸新之：您是如何看待比爾蓋茲、巴菲特的「勸捐」？您覺得一家企業更應該將資金用於慈善，還是企業發展？

曹德旺：企業家不一定要捐款。做慈善培養的是我對貧苦群體的同情、關愛、善良的情感，這會讓我認真去聽取貧困群體的聲音，可以專注提高自己的思想境界，更好地處理政企關係、勞資關係和社會關係。

關於捐贈的具體方案，也有人問，既然不是簡單的捐錢，而是要注重投入與回報，那何不把錢拿來做創投呢？看起來，創投的收益更大。

公益和創投是兩回事。公益是指慈善、救助、幫助、培訓。創投就是創業投資，創業投資在國外是透過各種商業機構、投資銀行來做的。你做項目規劃得很好，但是錢不夠，怎麼辦？一種方式是透過自己私募，找一個朋友來投。另一種方式是找商業機構。由於這是資本投資，銀行也不能拿老百姓的存款做商業長期投資，風險太大了。怎麼辦？由專門的投信解決。它們只是一個平台，有錢人想賺取更高的利潤，就透過商業機構來間接投資企業。

創投的基本邏輯就是如此，一方面，是高利潤行業；另一方面，利潤與風險成正比，你追求高利潤，也有高風險，不小心就可能全軍覆沒。

投資是資本向下的活動，與存款有差異，要差別對待。我們成立慈善基金，可以透過理事會把基金拿出來經營，但是必須保證做到零風險、低風險，收益自然也低，可能只有2%～3%，但是沒有問題，我們的目的就不是賺錢。

企業家精神：「我是企業家，不是富豪」

陸新之：您覺得一個優秀的企業家應該具備哪些品質？

曹德旺：要成為優秀企業家，總結起來，除了具備一個大的基礎——「不貪」，具體到個人品質方面，我覺得有如下幾種：

第一，智慧。企業家做生意，靠的是什麼？是智慧。現在的中國企業家，喜歡跟風，看著別人做什麼，我也跟著去做，甚至要想方設法去把他們擠倒，結果傷人一千自損八百，陷入了惡性競爭。

第二，良好的動機。我常說，動機決定結果，企業家出發的動機應該是做好事，而不是別的。只有你是為了這個國家、社會、人民謀福利，結果才有可能基業長青，否則只能是曇花一現。

第三，有了動機，還要有信仰，我曾經向福耀的員工推薦一本書，叫《選擇一種信仰》，為的就是塑造大家的一種工作態度——人不能沒有信仰，福耀也是因為有信仰，才能一直走下去。

企業家作為企業的帶頭人，更是當仁不讓。把信仰當做比金錢更重要的東西，企業才能成為社會不可或缺的組成部分，社會才會因為企業而進步。

第四，一根筋的堅持。為了信仰，堅持下去，在到達階段目標之前永不放棄，這是我這麼多年來總結的成為優秀企業家的最不可或缺的品質。

第五，堅持，是相對於特定階段而言，前途是光明的，道路是曲折的，在認準大方向是正確的前提下，也要不斷修正自己，這就是企業家需要具備的另一種品質——「多問路，就能少走彎路」。

人物專訪：攪動中國財經風雲的這些人

曹德旺：一心一意做一件事

在福耀成長的過程中，我也要感謝那些指點迷津的良師諍友們，有了他們，福耀才能一次次從歧途中重回正軌。

回想起來，那些生死攸關的轉折點，比如多元化重回專業化、美國工廠改分銷為直銷、反傾銷訴訟中的策略戰術等，都是因為我向高人取了經，並聽從了他們的建議，最終做出了正確的決定。

陸新之：您覺得富豪和企業家有什麼區別？錢對您來說意味著什麼？

曹德旺：方向是企業家和富豪最大的區別。企業家的出發點在於，社會缺乏什麼，他就做什麼，並不斷豐富、完善社會需求。企業家在創業之前就制定了遠大目標，目光長遠，以社會利益為重；富豪的出發點更多在於：什麼能賺錢就做什麼，不一定是社會急缺的產品，也有可能是跟風。賺了錢很快就轉向下一個行業，並沒有明確的方向，以賺錢為目的。

其實，我一直很納悶，中國把畫家、畫工、畫師分得很清楚，把歌唱家和歌手分得很清楚，但是為什麼分不清楚企業家和富豪？

我的方向是什麼？從一開始，我就給自己定了個目標：要讓中國人，不論貧富，都能用上我們生產的玻璃。這一片玻璃，哪個人能用上我們的玻璃，就讓他用得放心，用得開心。這一片玻璃，能夠代表國家的形象在國際上與他人交流，展示出中國人的智慧和我們改革開放的成功。不要小看這個目標，中國人口眾多，要做到讓中國人都用上福耀玻璃，絕不是朝夕之功。

1994 年，我移民美國。2005 年，我親自拿著綠卡跑到美國大使館，說還給你。美國大使館的人說為什麼，我說沒有為什麼，因為我不能住在你那個國家，我只能還給你，這是假話。其實真正的潛台詞是，那時我發現福耀將成為中國未來汽車玻璃的代名詞。真正的精英都有一種責任感和榮譽感，必須具備擔當的精神，他不會移民，即使移出去了，也還會回來。

說得更大一點，中國的希望在於中國人自己的覺悟。如果每個行業都有人執著地把自己的事業與中國聯繫起來，而執著於這項事業的人，不但能夠成為自己這個行業的領袖，為自己與社會創造財富，而且有機會躋身於世界這個大舞台，為世界創造價值和財富。

從 1983 年正式創業到 2009 年，在幾乎和改革開放一樣漫長的時間裡，我一直埋頭做企業，賺了不少錢，也登上了富豪榜，但沒有出名，沒想到人到晚年，企業也慢慢交給別人打理了，我卻出名了。

不過也好，我不是因為暴富而出名，而是以一個企業家和慈善家的形象出名，這點我很欣慰。一直以來，我的生活軌跡也說明了我的態度：我是企業家，不是富豪。

直到今天，我最喜歡去的餐館仍然是公司附近的一個小館子，那裡設施簡陋，但是飯菜的味道很好，大陸央視記者來採訪我，我就帶她去那裡吃飯。我身上很少帶現金，存款也很少，錢都拿去投資了，唯一花了大錢的地方，是我們一家人的居住，家裡的房子很大，裝修也很漂亮，還有一個酒窖。除此之外，我好像對金錢真的沒那麼在意。

年輕的時候，我看過很多長篇的小說，讀到守財奴葛朗台的故事時就想，這輩子就算我賺的錢再多，也絕不會把錢都拿在自己手裡。

我養老不需要多少錢，賺了也不是我的。我曾經跟下屬說，誰跟我承諾，他把福耀接走了，能夠為我辦下去，我的股票你也可以拿走。

當然，這不是說我賺了錢就要隨意揮霍，而是讓錢更有效地流動起來。這也解釋了一件事，就是：我不亂花錢，但做企業、做慈善絕對捨得花錢。我相信，真正成功的企業家都會自然而然地達到這樣的境界。

後記

近年來，福耀集團加快國際化策略步伐。2014 年 8 月，福耀集團收購了美國 PPG 工業公司 Mt. Zion 工廠。這是福耀集團國際化策略布局的重要一步，更創下了中國汽車零配件企業在美國最大投資的記錄。

2014 年，福耀淨利潤成長 15.8%，至 22 億元，海外業務收入達 43.06 億元。

2014 年 9 月，曹德旺獲中華慈善總會評選的第二屆中華慈善突出貢獻個人獎。

2014年11月,曹德旺在第三屆中國公益論壇上獲得首屆中國公益力量獎。

與馬雲的最後一次對話

採訪人／王長勝

馬雲，阿里巴巴集團創始人，中國 IT 企業的代表性人物。

馬雲，杭州人，1964 年 9 月 10 日出生。1980 年代，兩次大學入學考失利後，馬雲被杭州師範學院以專科生錄取，畢業後去杭州電子科技大學做了一名老師。他英語很好，腦子很靈活，為了解決學校退休老師的生活問題，在外面開了一家海博翻譯社，賺點小錢。

1995 年年初，他偶然去美國，認識了互聯網。回國後，他自己出了 7000 元，又找親戚朋友湊了 2 萬元，創建了一個叫「海博網絡」的公司，專門給企業做網站，後來馬雲給它取了一個響亮的名字「中國黃頁」。到 1997 年，中國黃頁的營業額做到了 700 萬元。

人物專訪：攪動中國財經風雲的這些人
與馬雲的最後一次對話

1997年，受中國對外貿易經濟合作部的邀請，馬雲和他的團隊來到北京，開發了對外貿易經濟合作部官方網站、線上中國商品交易市場、線上中國技術出口交易會等一系列國家級網站。

1998年年底，馬雲辭職，回杭州自己創業，和他的團隊一起開發了阿里巴巴網站。之後，阿里巴巴迅猛發展，馬雲相繼創辦了阿里巴巴、淘寶網、支付寶、阿里媽媽、天貓、一淘網、阿里雲等國內電子商務知名品牌。

2014年9月，阿里巴巴在紐約證券交易所上市。

為了得到這次專訪的機會，我追了馬雲整整一年，他總是跟我說：「你再等等，我給你一個特別的機會。」至於什麼特別的機會，他不肯說，我猜也許是阿里巴巴上市吧。但是，上市一定在緘默期，他不能接受採訪啊。我糊塗了。突然有一天他給我打電話說要見一面聊聊，沒想到，話題竟然是退休。

以下是採訪的節選和要點提煉：

馬雲一直令人難以捉摸，性格怪異，面目多重，崇拜他的人和討厭他的人可能一樣多。你也許受不了他那些裝神弄鬼、《讀者文摘》式的勵志格言，但免不了有時去淘寶購物。你覺得他胡說造夢，但他的確搞定了很多大事⋯⋯

馬雲和各界奇人異士交往，儼然打通了道家、佛教、西方管理、共產主義思維，以一本《道德經》建立了一個商業王國。他希望自己在公司「靈魂出竅」，又說「公司離開誰都能轉」⋯⋯

馬雲悟了哪些道呢？「我從道家悟出了領導力，從儒家明白了什麼叫管理，從佛家學到了人怎麼回到平凡。這些思想融會貫通，剛柔相濟，就是太極⋯⋯」

打著太極唱著歌，就對公司做了幾番重大架構調整，完成退休接班事宜，布局阿里金融、數據、物流、手機等關鍵業務，你也不得不佩服馬雲的功夫⋯⋯

馬雲有很殘酷的生存哲學，一些爭議事件（衛哲、VIE等）讓人看到他「心越善，刀越快」的一面……

在「風清揚班」（馬雲為阿里集團M6以上及少部分M5高層主管上課），馬雲讓五六十名阿里高層主管想像未來30年後的阿里巴巴是什麼樣子。馬雲在屋裡走來走去，時而閉目養神，時而瞪大雙眼，時而找個角落坐下，時而比劃太極拳……

身退心不退，作為董事會主席，馬雲還是會隨時在阿里「敲打」，他退休後也會很忙——且慢，他還未能完全「贖身」成功呢。跟Yahoo股權回購談判五六年來，馬雲最需要戰勝的是自己的心魔……

馬雲一度被公司「綁架」了，這激起了他的駕馭才能。他說他的管理和領導力在中國企業家裡面算是最好的之一，「只是人家沒看見，以為我只會說而已……」

馬雲說他和阿里巴巴都很有「福報」。「我覺得阿里巴巴最榮幸之事是今天六十年代的人可以退休了，七十年代的人來做領導者，八十年代、九十年代的人做一線，中國沒有幾家公司可以做到這點。」但他也有隱憂。「業務怎麼發展，我一點不擔心，我擔心的是這家公司這種理想主義的色彩能走多久，能走多遠。」

認清馬雲的多面，或許可以使我們重新審視這個標榜商業精神的年代，我們過於糾纏短淺的公司利益和逐熱的互聯網趨勢，卻忘了商業本應扎根於更廣闊的社會背景中和承擔更大的使命。

關於退休

王長勝：當年風清揚退隱江湖，是因為有傷心事或者看破紅塵，你難道有什麼傷心事或者看破什麼了嗎？

馬雲：真看破紅塵你是不會遁入空門的。我經常去寺廟，最大的樂趣就是想爭取說服那些和尚還俗。我說看破紅塵才會在世修行，這幫人又是失戀，又是破產，又是一堆事，到寺廟裡去，菩薩都給你們搞量過去，一幫怨男怨

女在那兒。所以，你真正看破紅塵就是把人生看透。基本上每個人都有自己的福氣、福報。對阿里來講，我們是福報很好的一家公司，我馬雲一輩子珍惜這個福報。

王長勝：才49歲就一輩子了？

馬雲：至少在前面來講，我覺得福報很好，真的非常好。你想明白這些東西，要讓這個福報更好，就一個辦法，就是把這些福報給更多人，而不是留給自己。我在公司講過一個例子，一個人撿了塊大黃金，你把它藏在家裡，所有人都惦記你那塊黃金，是不安全的。你把這個黃金打碎了送給大家，每個人有一塊，你自己可以稍微留得大一點沒問題。

所有人都告訴我，中國企業的創業者是不能退休的，所有人都認為企業離不開自己，這個跟兒子離不開我自己有什麼區別？一個兒子離不開自己，不是兒子錯了，是你錯了。如果你真愛這個兒子，從小就應該讓他獨立。阿里跟其他公司不同的一點，就是我們花很多時間在領導力管理上。阿里現在有很多公司，但我們的管理思考和方法在中國還是很獨特的。

退休之後

王長勝：你的臨別贈言是什麼？

馬雲：我還沒離別。

王長勝：就比如（2013年）5月10日1之後，對內而言。

馬雲：你說「別」，我只是覺得這些工作別人可以做得更好，讓他們去犯錯，讓他們去嘗試。我有了另外一種天地，有了另外一種人生，否則這一輩子就只能做這個工作，那就要傻了。我其實已經很舒服了，當過老師，做過很多工作，我這個工作待很長了，做互聯網14年，接下來沒多少時間了。那天周星馳說，我們時間不多了。真不多了，我告訴所有企業家，你做企業的黃金時間不多了，你的時間不多了，機會不多了。如果交給別人，你的時間多出來，別人機會也多了。全留在這兒，全廢在你手上。

王長勝：那你會主要忙什麼，或者玩什麼，關心什麼？

馬雲：玩生活，忙生活，只有我生活好了，我相信我的同事會更好……5月10日以後，先休息三個月，三個月以後我再考慮做什麼事。三個月之內有些人情，以前欠的人情都該還掉，三個月之後再來規劃一下大致的方向，公益啊、企業的人才培養啊這些事情。

王長勝：你確信今天就沒有不放心的地方，或者說有一天還要回來？

馬雲：你覺得我不放心又怎麼樣？自己做就一定放心了？

關於偉大

王長勝：成為偉大的公司、偉大的國家多艱難啊。

馬雲：我覺得這是你把自己架在偉大的身上，就是很艱難。誰都是凡人。所以我是覺得真正的偉大是平凡，平凡是最偉大的。平凡未必是真的偉大，但真正的偉大一定是平凡。其實把自己架在屋頂上的時候，那你就覺得累了，你要看依據什麼標準，前幾年，又是教父又是道德模範的，都是誰跟誰啊？對不對？我們要永遠明白自己從哪兒來，到哪兒去。

王長勝：很多人覺得你掌握了某種真經，是從一開始就有的，還是說哪個時候頓悟的，或者經過磨難？

馬雲：沒有。我並不知道我有什麼真經，我肯定沒真經。但是有一樣東西，這是一批人在一個特殊時期磨合出來一種特殊的味道和特殊的感覺。我真是覺得今天阿里人太懂這個公司。單打獨鬥沒人有用，有人說你們公司沒有一個人出來，好像沒有一個人厲害得讓人家嚇死，但是合在一起吧，都好像是互相彌補，拆開一個沒用，少了一塊總缺點東西。所以所謂的真經，其實是我們互聯網共同的體驗，這個東西沒辦法總結，讓後面的人去總結吧。而且並不是第一天就有的，如果今天回過來看十年前我講的話、15年以前的理想和想法……我現在是不太相信，就像說金正恩兩歲可以騎馬，三歲會開槍，別瞎扯了。你說馬雲真是料事如神，每件事情都有無數個版本，你背後肯定有大陰謀，瞎扯，沒那麼複雜。

人物專訪：攪動中國財經風雲的這些人
與馬雲的最後一次對話

▎關於 Yahoo

王長勝：Yahoo 有讓你很痛苦嗎？尤其是前兩年回購股權的談判。

馬雲：痛有，苦沒有吧。這都很正常的，每次都是這種事情，談了那麼多也習慣了。年輕時，一點雞毛蒜皮的事都覺得很痛苦，但時間長了就習慣了，因為這是商業的東西。但我後來走過來以後才發現，那是很有意思的經歷。哪有談 7 年換七八個 CEO 的事情，這是很可以吹點牛的小資本，但你走的時候當然很痛苦了。我們想明白這個道理後，今天碰到任何痛苦的事情，都是將來吹牛的資本。

王長勝：這件事情算解決了，還是在進程中？

馬雲：蓋棺定論才算解決，Yahoo 的事情，我覺得這是多好的事啊，因為我們從這兒得到了很多，無論管理、思想、技術，還是對跨國公司的理解，對未來新產品的開發，我覺得阿里從中所吸收到的營養太多太多。

王長勝：反而感激這種痛苦？

馬雲：那當然，那是肯定的。

▎關於師徒

王長勝：那你為什麼能駕馭那麼複雜的關係？

馬雲：哪是我駕馭的，我覺得是一個團隊。因為當你明白自己是誰的時候，你也許能夠真正駕馭。我們這些人其實明白自己是誰，比別人知道一點。我們有理想，人類都有理想，對不對？我們也比別人都務實，我們也是人類。然後別人說我們多厲害，我們也沒那麼厲害。別人說我們一文不值，我們也不見得一文不值。反而這樣子的時候就容易處理，因為應對複雜，只要你不去惹它就行了。你不怕麻煩你就去惹它，你怕麻煩就別去惹，麻煩來了你也別怕。對吧？這樣就行了。

王長勝：你在阿里這麼多年，最大的財富可能就是你認識了一群臭味相投的人，然後你又把他們調教成小馬雲似的那種人？

馬雲：不叫調教，在這個氛圍裡面，我們志同道合是毫無疑問的，有些是透過約束，有些是訓練，有些是故意，有些是偶然，形成了一個獨特的東西，所以模仿阿里是很難的。這有個過程，就像五年前我很在乎別人怎麼看我，十年前我更在乎別人怎麼看我馬雲對不對？到今天為止，我越來越在乎自己怎麼看自己，在乎我給你帶來什麼好感受，而不是你給我帶來什麼好感受，你對我好的感受已經無所謂了。以前我還很糾結，我對你這樣，你對我那樣？現在你對我怎麼樣，無所謂。

關於管理

王長勝：你這幾年管理人和管理公司又上了一個層次？

馬雲：我自己覺得，我的管理和領導的方法在中國算是最好的，只是人家沒看見，以為我只會說而已，管理和領導力是我最好的強項。但是管理和領導力背後必須要有思想體系的，沒有思想體系的管理和領導力，那純粹是充數。所以，我自己覺得得意的方面，我肯定比馬化騰和李彥宏這幫人會管理。

但在這個背後的思想不是我的思想，是這些人的思想、我們老祖宗（指著桌上的《道德經》）的思想。但我跟別人又不一樣，純粹守在這兒又傻了。我還喜歡西方的，傑克‧威爾許的我也接受，我很開放，西方基督教的思想我覺得也挺有道理。我的思想境界再高也高不過這些人，我只是在這裡面吸收了營養而已。西方管理是科學，吹點小牛，我是將西方的管理理念結合了東方的管理理念。東方管理是基於人文的情懷，更像一種藝術……

王長勝：你不關心在手機時代阿里沒有微信這樣的產品嗎？

馬雲：關心又能怎麼樣？我很想關心一個出來，關心不出來，對不對？我是很想關心個出來，也關心一兩個微信出來，實際上我關心不出來，我很想關心，沒有用。

人物專訪：攪動中國財經風雲的這些人
與馬雲的最後一次對話

▌關於未來

王長勝：5年後，再有年輕企業家向你請教，讓你談談未來建議？

馬雲：你讓我談談未來，我會談一些人生的態度、人生的規律，但不會談到你的行業、企業。汽車未來怎麼發展？我哪兒知道？但這裡有規律。所以這是我個人的愛好。

王長勝：今天能說的阿里的未來會是什麼？你覺得今天說，人們會相信嗎？

馬雲：阿里的未來，無數人的暢想比我們更多。有人說阿里巴巴會變得怎麼樣，有人說阿里的金融會怎麼樣。這個時候阿里是不需要去談未來的，踏踏實實，沒有人談未來的時候我們談未來，大家都談未來的時候你就回到今天吧。你說今天阿里金融還需要再去講未來嗎？還是阿里巴巴、淘寶要講未來？或者我們的物流要講未來？別講未來，把今天做好了。因為現在這種情況，大家都對你講未來，你還要再講未來，你就要飄起來，你不沉。所以這是太極和陰陽配合的程度。

王長勝：如果有人問馬雲阿里1001個失敗的故事或啟發，有什麼可以說的？

馬雲：以前我想寫本書，後來我覺得我不適合寫。寫書我還是會不客觀的，我會美化自己，而且很多錯誤不願意承認，總會說把它圓回來，一定會圓回來的，這是100%的。這個故事應該由別人去寫，由別人去採訪，由他們去講。因為我自己來講，我一定會圓回來。我覺得人啊，一定會走到本能。阿里巴巴其實不只1001個錯誤，我們看到這是個錯誤，連理的時間都沒有。但我讓這些錯誤最終變成公司成長的營養和肥料，而不是負擔。

▌後記

2014年全年，阿里巴巴總營收762.04億元，淨利潤243.20億元。

2015 年 4 月，中國慈善榜發表，馬雲以 124 億元的捐贈額成為新一屆中國首善。馬雲當天更新微博說：「我們今天捐贈的任何一筆錢，不管多與少，對改變世界甚至別人都是微不足道的，但幫助別人是改變自己，讓自己的內心發生變化，更加豐富。」

2015 年，阿里巴巴集團相繼投資了易傳媒、魅族科技、物流快遞企業圓通。此外，阿里巴巴與螞蟻金服集團完成重組，螞蟻金服為支付寶的母公司；和香港上市的阿里健康資訊技術有限公司達成最終協議，阿里健康將成為阿里巴巴集團的子公司。

註釋

[1]2013 年 5 月 10 日起，馬雲不再擔任阿里巴巴集團 CEO 一職。

人物專訪：攪動中國財經風雲的這些人
柳傳志談聯想的私有化過程

柳傳志談聯想的私有化過程

採訪人／蘇小和

　　柳傳志，曾任聯想控股有限公司總裁、董事會主席，現任聯想集團有限公司董事會名譽主席，聯想集團高級顧問，曾被美國《時代》雜誌評選為「全球 25 位最有影響力的商界領袖」之一。

　　柳傳志是江蘇人，1944 年出生。創業之前，他在中國科學院計算技術研究所做了 13 年的研究員，1984 年下海，創立聯想。

　　1996 年 3 月，聯想發動 PC 價格戰，打敗了所有競爭對手，在中國國內 PC 市場獲得冠軍，並始終保持首位。之後，北京聯想與香港聯想合併，柳傳志出任聯想集團主席。

　　2000 年，柳傳志分拆聯想集團，將兩大塊業務分別交給兩個年輕人。一年後，從聯想集團分拆出來的神州數碼上市。

人物專訪：攪動中國財經風雲的這些人

柳傳志談聯想的私有化過程

2004 年，聯想集團收購 IBM 的 PC 業務，柳傳志辭去聯想集團董事長職務。

在 2008 年度《財富》世界 500 大排行榜上，聯想集團首次上榜，排名第 499 位。在 2012 年度《財富》世界 500 大排行榜上，聯想集團再次上榜，排名第 370 位。

2013 年，聯想電腦銷量躍升世界第一，成為全球最大的 PC 生產廠商。同年 10 月，柳傳志獲得「對民族產業貢獻卓著的民營功勳企業家」榮譽。

在 2013 年度《財富》世界 500 大榜單中，聯想集團的排名大幅提升，從 2012 年的第 370 名上升至第 329 名。

2014 年 10 月，聯想集團完成對 Motorola 手機的收購。

在一個有高官在場的某會議上，一名經濟學家對我說，中國的企業大致分為兩類，一類是有官方背景的企業，另一類是暫時沒有官方背景、但在努力尋找後台的企業。這樣表述的時候，經濟學家抬起頭看了看身邊的柳傳志，笑著說，聯想應該是一家有官方背景的企業。

當時年過 60 的柳先生終於掩飾不住自己的慍怒，他側過身體，盯著經濟學家的眼睛問道，你說我們到底有什麼背景？一個賣 PC 的企業，又需要什麼了不得的背景？

作為一個旁觀者，我忽然對老邁的柳傳志先生產生了深深的同情。

如柳先生所言，今天的聯想控股儘管有著顯赫的影響力，但它涉及的相關產業，的確都在完全競爭的行業之中。比如聯想集團，不過是一家基於 PC 品牌研發、生產和銷售的公司；神州數碼不過是專做國外大的產品品牌代理業務和軟體業務的公司；聯想投資的高科技領域、風險投資和弘毅投資的併購投資管理，以及融科智地的房地產開發，都是基本上沒有政策門檻的行當。

換句話說，柳傳志可以進入這些領域，浙江溫州或者福建泉州任何一個名不見經傳的商人一樣可以進去，並能迅速成為柳傳志的競爭對手。

但兩類企業的制度性格局卻反差驚人。比如溫州的奧康，王振滔以 3 萬元起家，今天已經積累到近 50 億元的資產。如此龐大的財富，其產權當然僅僅屬於王振滔，別人無權置喙。如果有人要想拿到奧康的股份，必須腰纏龐大的資本，方可展開溝通。柳傳志的格局當然遠遠不如王振滔。今天的聯想無論有多大的盤子，其大股東必然是中國科學院。幾年前，聯想當然有過產權意義上的改制，柳傳志和他的管理團隊由此開始持有一定數量的股權。但無論如何，今天的聯想，依然是一家以國有體制為主導的股份制公司。

現在的局面顯然是由於一些常識的缺乏，比如企業產權的自然人性質最終將決定企業的發展能力；比如企業創始人制度和創始人期權制度的建制不足會導致企業的價值模糊；再比如，可能正是抽象的國有股權占據了企業的重頭，企業的內部才會滋生嚴重的官場文化，人與人之間的內耗將因此損傷企業的發展。但人們的觀念，甚至是主流觀念，並不認同上述常識。他們會將一家國有企業產權制度上的革新解讀成分配不公和國有資產流失，甚至解讀成企業家的貪婪。

以柳傳志做事的氣度，他顯然是想要突破這樣的困境。之間的可選項不在少數，比如嘗試著與一家有資本實力的金融企業合作，透過併購的方式稀釋掉聯想占大多數份額的國有股份，並最終導向清晰的企業自然人產權體系。

但阻力看上去可能比計劃更讓人望而生畏。聯想的產權改革，必然要取得中科院（中國科學院簡稱）、國資委（中國國務院國有資產監督管理委員會簡稱）甚至是更高的管理部門的一致同意，還要接受主動併購企業的上級監督管理部門的認可。

某種意義上，這正是今日聯想不能迴避的困境，也正是我們要對柳傳志先生報以同情的地方。

最近十年來，為什麼在完全自由競爭性領域發展的大量國有企業，紛紛完成了清晰的產權制度改革，聯想控股也一直在完全競爭的領域發展，但直到今天為止，其股權結構中，非自然人的國有股權還占據主要位置？

柳傳志談聯想的私有化過程

為什麼諸如聯想這樣的中國企業，會在管理上大面積複製中國的官場文化？這包括了一定程度的個人崇拜、資訊不透明、員工的個人主動性和創造性缺失、資源內耗嚴重等。

為什麼諸如柳傳志這樣老資格的企業家，到今天為止仍然沒有完全企業產權意義上的進步，而繼他們之後上場的新興企業家，比如1992年下海的一批官員和知識分子，如陳東昇、潘石屹、馮侖等人，不僅逐漸成為今天中國企業家的主流，而且比較圓滿地構建了合理的現代企業制度？

李鴻章曾經說過，若舊法有用，國家振興早已完成，何待今日？今天有一種觀點，中國企業30年來取得醒目成就，主要是開放國門，向西方企業學習技術，而大量國有企業的制度性建設並不像人們想像得那麼到位。到今天為止，國家能力驅動經濟發展仍然是主要方法論，國有企業仍然是中國國家建設的主流。正是在政府主導經濟發展的背景下，中國的企業家一方面必然要堅持企業的市場化創造，另一方面卻又不得不做出必要的妥協。兩種路線之間，柳傳志和他的同行們備受煎熬，多少激情化為烏有。

站在柳傳志個人的角度，我們可不可以說，由於我們忽略了老一代企業家在產權意義上的基本訴求，因而最終導致了這樣的局面：我們有改革開放30年熱氣騰騰的經濟態勢，有令人瞠目結舌的外匯儲備，卻很難找到一家能夠呈現中國形象的大好企業。美國有通用汽車（GM）、微軟，德國有福斯，日本有豐田，連韓國都有三星，中國有世界影響力的企業是哪個？是中國石油嗎？是聯想嗎？

我相信柳傳志的煩惱就在這裡。他比誰都懂得這樣的格局形成的原因，但是以他的性格，以及他背後綿延不絕的文化，他最終只能選擇妥協和忍耐，以及忍耐的間歇掩飾不住的牢騷。

▌聯想的制度建設有點歪打正著

蘇小和：我是一個自由經濟市場言論的言說者，而你則是一個市場競爭和自由經濟的行動者。一直以來，對聯想我都有點抱不平。這麼多年來，聯

想一直立足於一個完全競爭的行業,這種競爭不僅在中國國內,而且遍布全球。但直到今天,聯想依然不是一個產權清晰的、完全的私營企業。它是一個股份制企業,國有股占到大頭,這在制度上無疑會影響到創始團隊的工作積極性,從而影響它的未來發展。為什麼會這樣?作為當事人,你怎麼解釋並解決這一現狀?

柳傳志:在中國,這些都得從歷史的角度去看。企業創辦之時,如果中國投資 20 萬,那麼這個企業就會成為一個百分百的國企,而如果這個國企本身恰恰又屬於中國資源,中國進行了大幅度資金投入,那麼,這個企業的管理層、企業的技術人員想要實現個人持股無疑是非常困難的。但如果這個企業是以高科技企業性質起家,又屬於輕型結構,中國對它的投入很少,那麼企業的發展就得完全依靠自身的努力。什麼「是靠自己」呢?1984 年、1985 年的時候,人們給民營經濟下了個定義,大概叫「四自」:自籌資金、自由組合、自主經營、自負盈虧,這也是「靠自己」的內涵。這裡面最關鍵的一點是自籌資金。為什麼叫自籌呢?那個年代,誰都沒有錢,企業要想發展都得自籌資金。

在聯想的整個發展過程中,中科院只在創辦之初投入了 20 萬,之後再也沒有追加過投資,但企業的發展不可能僅僅依靠 20 萬,而缺口部分就得自己想辦法,包括貸款。那時的貸款完全是信譽貸款,其中也有很多偶然機會,我們向銀行展現了自己的信譽,有鑒於此,銀行給我們的貸款數額越來越大。另外,完全自負盈虧,在這樣的情況下,中國以股份的形式獎勵這一批歷經千辛萬苦的員工也是應該的。但在當時那個年代,這些事情無法說清楚。1987 年、1988 年的時候,一個由經濟學家組成的小組對四通進行考察,希望將四通作為股份制改造的典型。若干個今天的大牌經濟學家如吳敬璉教授都是這個小組的成員,實際上這根本不可能做到。1989 年「六四」風波發生,考察結果是四通被定位為典型的走資本主義道路,而四通也成為資本主義的搖籃。因此,這在當時的中國根本不可能。但是,那個時候我們對此根本沒有理會,只是忙著做自己的事情,從來沒有想過這方面的事情。

人物專訪：攪動中國財經風雲的這些人

柳傳志談聯想的私有化過程

　　1993 年前後，企業發展逐步形成規模，其中也遇到了很多坎坷，除商業風險外還有一些政策風險。什麼是政策風險？當時，中國依然採取計劃經濟，在這樣的大背景下要想辦市場經濟的事，難免要打一些擦邊球，這就承擔了一定的政策風險。以人民幣和外匯為例，如我們聯想這類企業，需要購買海外的某些零組件才能組裝機器，但我們又是計劃外企業，沒有中國分配的外匯額度，於是就有了所謂的市場。在這種市場上，物品價格高昂，嚴格來說還屬於犯法，但企業如果不冒險，就無法生存與發展。中國不給現款，但當政府過問此事時，你就必須承擔責任。比如貸款，就要承擔一定的商業風險。現在的人都很清楚自身的價值所在，因此對我們那個年代的階級鬥爭根本無法理解。在中科院工作的那段時間，做出的科學成果無法實現產業化，心裡總覺得委屈。當這樣的機會出現時，就只想著如何做得更好。其他的東西，如所有權問題則根本未曾想過。當時我擁有的僅僅是管理權，而我也有著一種強烈的要做好事情的願望，聯想也就是在這種情況下做起來的。

　　到了 1993 年、1994 年，中國的相關政策進一步放寬，聯想也越做越好，但這個過程中也遇到了很多挫折。那個時候，我也開始思考所有權的問題，覺得這確實有些不合理。責任與壓力都由經營者承擔，利潤則全部上交中國。因此，我們找了中科院當時的周院長，周院長是個非常開明的領導人，對此表示理解。他說，我們堅決支持員工持股的做法，也希望員工能擁有股份，但中科院只是股東，不能對此作出決定，這個決定權在國有資產管理局手中。對此，他們肯定不答應。因此我變通了一下，就是獎勵你們 35% 的利潤，即每年利潤的 35% 歸聯想的員工。對於這個建議，我表示贊同。這個比例為什麼是 35% 呢？這也是之前我們自己提出的，30% 太少，40% 或 50% 又怕通不過，想了半天，最後還是覺得黃金分割最好，35% 也就定了下來，而這一 35% 的利潤分紅也持續了 8 年。每年賺得的利潤分紅都被存了起來，到了 2001 年，中國進一步明確同意我們進行股份制改造，由北京市財政局決定，將聯想的淨資產按 1997 年時的淨資產做了個評估，其中的 35% 打折後賣給員工，就這樣我們也就買了下來。

　　這 35% 股份的分配對象包括我和所有的創業元老，共 10 個人左右。我們將這 35% 股份中的 35%，也就是整個股份的 10% 左右，分成 15 份，我

得三份，其他的人得一份、一份半或半份。35% 中的 20%，也就是整個股份的 6%、7%，分給了公司的所有員工，每個人所得股份的多少則按他們的工齡和貢獻、所擔任職務、所受獎勵打分而定，另外的 45% 則留著給後來的人。如此，我們所占股份的比例就大大減少，但畢竟我們已經擁有股權，股權的有與沒有完全不一樣。為什麼？經過股份的分配，年輕同事可以進入管理層，前輩同事也因此可以退居二線，公司也越做越好。創業元老中擁有一份、一份半股份的，一年就可分到一兩百萬利潤。這樣，大家才覺得沒白白做事。退休的 200 多人中，最低的也拿到 7 萬、8 萬的年利潤分紅，高的則能拿到 20 萬、30 萬。如果不這樣，就難免「屁股決定腦袋」，在擴大營業範圍的同時加大費用，誰也分享不到公司發展帶來的好處。而實施員工持股後，不僅員工能分得公司利潤的一杯羹，中國也能從中獲益，這實際上是多贏。

為什麼其他的公司很難仿效這一做法呢？因為誰也沒有辦法賺到公司 8 年的利潤，而我也是歪打正著，提前有所考慮。但在當時，中國無法想明白這件事。從我的角度來說，35% 的獎勵是理所應當，但在中國看來，獎勵就等同於國有資產的流失。聯想的發展憑藉的是人的智慧，而不是政府最初所投入的 20 萬；並且聯想身處一個競爭激烈的行業，它不是石油，也不是鐵路，不受中國的壟斷。

▌聯想的私有化仍然是個敏感問題

蘇小和：從學院的角度，我一直在思考一個問題，聯想的私有化應該向前更進一步，而不是停留於眼前，但為什麼沒有呢？

柳傳志：這件事比較敏感，整體上中科院特別開明，它的目的是讓中科院的所有股權降低，然後引進新的股東，讓中科院進行所謂的社會化。為什麼要這麼做呢？中科院著重在科學研究，而並不善於管理企業，因此它希望引入更多的股東，以股東代表的多元化來改進企業的管理體制，但其中它並沒有提到 MBO 的問題。

蘇小和：我覺得透過併購的方式實現國有股的稀釋也是一個很好的方式，這樣你再介入，它就不再是一個國有企業。

人物專訪：攪動中國財經風雲的這些人

柳傳志談聯想的私有化過程

柳傳志：是的，但現在跟中國談起這件事，總是會談及國有資產流失。為什麼？其實道理很簡單，你出再高的價格，中國都會說便宜，因為企業到你手裡之後，肯定會辦得更好，那樣出售價格就顯得更便宜了。所有的事中國都這麼看。從發展的角度來看，它會覺得價格太便宜，國有企業被賤賣，國有資產嚴重流失。現在，我們也進行投資，凡是我們投入了資金的國有企業都做得特別好。其中一個重要的原因，就是實行員工持股。我們投資國有企業，實現控股後，企業就屬於我們了，然後我們再將之賣給員工，願意賣多少錢就賣多少錢，愛便宜賣就便宜賣，愛按原價賣就按原價賣，這與國有資產無關，也就更談不上國有資產的流失。如此一來，管理層就擁有了公司股份，也就會更加積極地去為公司創造利潤，但是要想讓中國直接賣東西給員工，那就非常困難，一旦實施，就會與國有資產流失掛鉤。

蘇小和：企業的產權一定要自然人化，這是一個常識，沒有道理可講。關於國有企業，法國、英國、美國曾經都辦過，但沒有一個取得成功，根據你這麼多年的經歷，以你的眼光來看，中國進行國有企業股權化的主要阻力是什麼？

柳傳志：這個話題也比較敏感，在這裡我僅談談個人的看法。這裡面有多重因素，最基本的因素還是與國有體制有關。比如牛根生、馬雲的民營公司的員工達到幾萬人。我注意到浙江的十六大、十七大的黨代表大部分也都是民營企業的代表，在過去，則都是政府單位的人，即使有來自企業的也都是來自國有企業，老百姓則是居委會成員。

今天的企業家都必須頭腦清醒，由於企業家發展之後，貧富差距緊隨而至，企業家與老百姓和政府的想法就不一樣了。周其仁曾經舉了一個例子，如果對「將中國的高爾夫球場改成廉租房」的提議投票表決，相信百分之九十以上的人都會投贊同票。這話說得很透徹，但是就這樣沒收高爾夫球場又非常沒有道理，一定會影響生產力的發展，可大家還是會同意。兩極分化出現之後，老百姓對貧富之間的差距非常敏感，因此國有企業是怎樣阻礙生產力的發展，他們不明白，也感覺不到。那什麼情況可以改變這種方式呢？我覺得真正能改變這種方式的是對老百姓進行補貼，中國稅收收入增加以後，

中國將企業所上交的錢直接貼補給老百姓,這樣一來,老百姓就能立刻感覺到,因為企業家所交稅與他們的切身利益息息相關。

蘇小和:但事實上,這種方式被證明是失敗的。這種方式也就是凱因斯的模式,政府驅動型,政府管理所有的一切,法國、美國都曾試驗過,但都以失敗告終。

柳傳志:當然,按照今天的這種做法,增加一萬一的稅,除去其他各項開支,最終到達老百姓手中的錢則少之又少,因此老百姓不可能感覺到實惠,他們只看到企業家的日子過得紅紅火火。

蘇小和:這種受惠是單向的。

柳傳志:在這種條件下,確實存在一種民粹主義的觀點,如果這種觀點過於強烈,它就會嚴重影響社會、經濟各方面的發展。

蘇小和:如果沒有市場主體,這必將影響整個市場的發展,那麼企業也會跟著遭殃,這是毋庸置疑的。

柳傳志:對此,企業得特別小心,總是順應這種潮流,因此企業的發展也受到阻礙。

蘇小和:我們注意到張維迎教授每次都說要警惕反市場化的思潮,這應該就是在說,在我們的體制內,其實是一直存在著某種反市場化的暗流的。

柳傳志:處理這種事還得有藝術性,如果毫不掩飾地直接言說,別人聽不懂,不能理解你的意思,所以做事還得很小心,說話得注意。

聯想的目標一直非常清晰

蘇小和:我特別能理解這種心態。企業家是一個建設性的群體,他們做的都是具體的建設性工作,沒有高談闊論,面對現實想到的也更多的是妥協。那麼,這麼多年來,從你的角度來講,你是從哪些方面,或透過哪些途徑跟當下妥協,跟環境妥協,跟市場妥協,甚至是跟技術妥協,然後將聯想帶入世界五百大之列的?

人物專訪：攪動中國財經風雲的這些人
柳傳志談聯想的私有化過程

柳傳志：企業家的一個重要品質就是要有堅定的目標，然後向著這個目標前進，不屈不撓；另外，還要不斷有更高的追求。在具體的行動上則要做到有理想，而不理想化，不然事情很難有進展。比如從計劃經濟向市場經濟轉變的過程中，我們做零組件的做法都是買批文、買外匯，買外匯是肯定的，批文也是如此，然後再進口。據說，這種做法也屬於走私，其實賣批文的單位才真正在走私。但我們不這麼做肯定不行，所有的中關村企業無一例外全都這麼做，因為經過正常批文進關的物品價都高得離譜，而且根本沒人賣。但如果真出事了，它就等同於走私。

那我們怎麼辦呢？我之所以一路走來順順利利，有一個主要原因——我們不是透過這種方式去獲取利潤。什麼意思？就是當企業透過買進零組件，或者透過買進某種東西發現有大幅利潤的時候，它的方向是繼續做電腦呢，還是專門從事這類物品的低買高賣？如果我的目標是繼續做電腦，與國外企業競爭，這只是一個必要的手段；如果我專做這類物品的低買高賣，那我就專門倒買倒賣批文與外匯，大把大把地賺錢。這有什麼不同呢？這裡的不同有很多。進口方式分為五個等級，最高危險的是五顆星，完全沒風險是一顆星，一顆星是根本不可能的，五顆星也不行，那就是純走私，可以賺取高額利潤，批文也不用買，賴昌星走的就是這條道。我們要求的是，只要東西能進來，價格能接受，公司的主要業務還是做電腦，然後賣電腦。所以市場一規範，可以不用買批文、買外匯的時候，我們就可以立刻放棄，不賺這種錢，而是努力去研究企業管理，去研究供應鏈等。可是很多人不這麼做，他們只看到短期利益，專門倒買倒賣，最後都栽在這件事情上。他們靠這個吃飯。這是真正的蛀蟲。他們是什麼樣的呢？他們在海關工作時，認識一批進出口關係戶，從他們身上撈錢，做到一定程度後辭職下海，繼續做進出口，再利用別的關係和朋友做幾年，然後洗手不幹，安全上岸。這選擇的就是不同的發展路徑。我也可以不發展自己的品牌和技術，一味地賺錢，為賺錢而賺錢，但是企業目標的設立與追求是另外一條路。企業家腦子裡一定要清楚兩者的區分。

蘇小和：那就是做生意，走中國政策的漏洞，這與做企業是不一樣的。

柳傳志：從這裡就總結出了兩點：其一，一定要清楚自己的目標是什麼，不做眼下利潤大、風險大的產品，只保證自身企業的發展目標；其二，用可控的方式去處理問題，這就要求指導思想明確、處理方法謹慎。

蘇小和：所以，一直以來你都有一個清晰的方向。

柳傳志：是的，如果沒有一個明確的方向，相信我早就完蛋了，或是走發財移民的路，不在中國國內。為什麼說會完蛋呢？因為中間的誘惑很多。1993年、1994年房地產業大發展的時候，很多好一點的中關村企業都想介入，因為資金的回籠實在是很快。當時我也打算在兩個地方買地，煙台與福州。但覺得應該想明白點，應該將目標推得更遠。我們就開會討論，我們到底要做什麼？賺了錢後該做什麼？將這些問題討論明白後，就確定了做電腦的大方向。長本事的錢就賺，不長本事又夾雜著風險的錢就不賺。

蘇小和：如果沒有這一原則，可能你早就走上別的道路了。

柳傳志：1993年是房地產的高潮期，當時整個海南地產特別便宜，很多人用銀行貸款去炒房，但房價突然下跌，於是大部分房地產商虧損，然後逃走。像我這樣不會賴帳的人，也就不用涉獵房地產了。我從1984年開始辦企業，1988年、1989年就已經站在各種領獎台上，但直到現在依然還和我站在同一個台上的人，少之又少。曾經的企業風雲人物，如周冠五、倪潤峰、余淑珉，現在都徹底退出；而淹沒在歷史浪潮中的企業小人物就更多了，僅中關村就數不勝數。目標堅定、方向清晰，在為了實現這個目標的情況下，有時可以妥協；但總目標本身，一定要堅定。

第一次聽說聯想有「官場文化」

蘇小和：我曾經看過一份資料，說聯想屬於中科院的企業，這樣它必然會在企業的管理層大面積複製官場文化。這種說法可靠嗎？

柳傳志：我們這並沒有出現這一情況。

蘇小和：可能也有人會說聯想的官場文化比較多。

柳傳志：這個官場文化指的是什麼呢？

人物專訪：攪動中國財經風雲的這些人
柳傳志談聯想的私有化過程

蘇小和：比如上下級之間的管理鏈條。這裡下級對上級的思維方式更多是等級關係、服從關係，而不是一種創造關係。我看過你寫的文章，一個大發動機，一個小發動機，每個人都需要創造。但別人都說這是柳總一個人的烏托邦，一個人的想法，一個人的夢想，一個人的完美境界。而事實上，社會上永遠只有那麼幾個發動機，楊元慶、郭為可能是發動機，你是個大發動機，其他人可能都只是在後面跑，只是一個螺絲釘。

柳傳志：這我還是第一次聽說。在聯想你可以看一些具體例子，比如，在眾多企業當中，我們既做投資又做房產，而且還做得有聲有色，原因是什麼？最重要的是有領軍人物。領軍人從哪來？一是聯想裡身為一把手的人。如果整個公司都只是齒輪，那麼為什麼其他的公司就鍛造不出這樣的齒輪呢？沒有哪個企業能像我這樣，二話不說提拔出如此多的優秀人物，即使在今天，這樣的人物還可以大批量生產出來。這就是發動機的一個最有力的證明。只有當過發動機的人，才擁有被挑選為一把手的資格。當我將公司分拆給楊元慶、郭為的時候，很多媒體就表示擔心，這麼大的事交給他們辦就行了？事實證明，事情交給他們是對的，兩個投資公司在他們的領導下都迅速發展，之前他們都未做過這一行業。另一個是從外面找的有經驗的人。買下整個團隊，但採取這個行動的前提是，他們的價值觀必須與我們的核心價值觀保持一致，否則就全部否決。

這就是核心價值觀在起作用，關於「官場文化」，我還是第一次聽到。

▍聯想的人才培養機制還在完善之中

蘇小和：你剛才提到了接班人的問題，楊元慶無疑是成功的，那麼在培養接班人的工作中是否有失敗的案例？

柳傳志：有啊，孫宏斌就是。孫宏斌是我們早年想重點培養的年輕人，但最終事實證明這件事肯定是失敗的。聯想前後大概有十個人被送入司法機關，他是頭一個，其他人則談不上是接班人，都是做了違反法規的事情。這些人出來後都沒說什麼。為什麼？因為該做什麼、不該做什麼我們都已經跟他們說得很清楚，如果他們心裡有這些，我相信他們是不會被抓的。孫宏斌

出來後的第一件事也是道歉，作為清華畢業的學生，按照他的思想這麼做並沒有什麼不對，但他並未意識到聯想不是一般的國企，不是能隨便挖一塊就走的。對於他建立單獨的財務系統，後來我們總結出三點原因：一是財務系統不完善；二是文化體系脆弱，沒有形成一套核心價值觀，使所有員工知道什麼事對、什麼事不對，做不對的事就會受到大家的指責；三是選人不慎重。之後也有這樣的事情發生，原因是他對他自己的感覺與領導階層對他的感覺不一致，因而才選擇離開聯想。對工作，一個人大概有三個追求：一是企業做大做好，使自己的價值得到承認；二是物質上得到豐厚的回報；三是有一個好的工作氛圍，心情舒暢。在聯想，大部分離開的員工屬於第一個，離開的原因可能是他們的價值認可與企業的價值不一致，但無人憤憤而去。

　　蘇小和：有一個問題我想大家都很關心，為什麼柳總這些年能培養出這麼多出色的人才，這其中有沒有什麼方法或內在的祕訣？

　　柳傳志：這裡邊第一個是立意，我希望聯想能一直辦下去。一般的民營企業、家族企業想一直辦下去，這可以理解，因為可以讓子孫後代接班嘛。而國有企業則不能用這個模式，有時候它甚至會給接班人設置障礙。在國有企業中，擴大自己的勢力，使別人無法撼動自己的地位，這是一般人的做法。還有就是拉攏宗派，在離職之前提拔能為己所用的人。我希望將聯想辦成一個沒有家族的家族企業，它不屬於我兒子，但是希望後面的人能有事業心，能長期將這個棒接下去。有了立意就會尋找實現的方法，而實現無非是培養人、發現人的事，也就是說一邊做事，一邊培養人。事做成功了，人也培養出來了。第一要有立意，第二則需要一套方法，就是要提前考慮自己需要什麼樣的人才，有什麼標準。比如將企業利益放在第一位，那麼人才就必須意志力強、務實，有一定的胸懷，這些是德的標準。那能力的標準呢？就是要有很強的學習能力。到底什麼是學習能力？怎麼測試學習能力？這些都應該想明白，應該長期貫穿於工作之中。

　　我曾經跟王忠明聊過這個話題。康熙皇帝非要到最後才肯決定由誰接班，由於他一直執政，五六十歲的太子依然無法順利接棒，以致到康熙辭世，太子已不願意接這根棒。對我而言，我在職期間想盡一切辦法幫他們將體系建

成，然後讓他們來做，我則去做別的事情。比如今天，我的工作就是進行宏觀的把控，解決機制問題，為投資項目牽線搭橋，到了地方，則和地方主管接觸接觸，或者跟媒體打打交道。大家各做各的事，各盡其職。康熙不肯退位，為什麼呢？按道理，他這個屬於子承父業的事業，可自己究竟與這事業有什麼關係，估計他也沒想明白。這些都值得我們反思。所以有兩個事應該想好了：一個是立意長遠，把聯想的事辦長遠；另一個是想方法，培養人也是方法。無非就是這些事。所以做好了這些，人才自己就出來了。整體來看，聯想培養人才仍然是一個不斷完善、不斷發展的大工程，因為企業正在迅速發展。

蘇小和：作為當下中國企業家中最優秀的企業家，您認為自己對整個當代中國企業史的貢獻在哪？

柳傳志：如果不太提綱挈領地說，我覺得是五件事：第一，高科技產業化，聯想在這方面是先鋒隊，因為這件事並不好做。第二，與外國企業競爭，在一個競爭性的領域，中國企業處於下風地位。這也不容易，在 IT、PC 領域出現的都是精兵強將。第三，在高科技行業實現股份制改造方面，我們也走出一條有歷史意義的道路，這與我們自己的努力有關。第四，對企業的管理理論進行探討，而這些理論對日後進入投資領域進行投資有很大幫助，也用實踐的方式說明了我們的一些理念本身的有用性。第五就是培養了一批年輕的企業家，中國企業家的優秀品質正在年輕人身上得到延續。

▍後記

2014 年 4 月，聯想集團調整組織架構，成立了四個新的、相對獨立的業務集團，分別是 PC 業務集團、手機業務集團、企業級業務集團、雲服務業務集團。

2014 年 10 月，聯想收購了 IBM x86 主機業務。至此，聯想成為全球 x86 主機第三大供貨商。

2014 年 12 月，柳傳志與巴菲特共同出資的「利捷公務航空」開始運營。這是首個在華運營的外國私人航空品牌。

2014～2015 財年，聯想集團的營業額達 463 億美元，同比上升 20%，海外市場收入占比已達到 68%，聯想國際化的觸角伸得更遠。

人物專訪：攪動中國財經風雲的這些人

周鴻禕：互聯網行業的攪局者

周鴻禕：互聯網行業的攪局者

採訪人／陸新之

　　周鴻禕，奇虎360公司董事長，被譽為中國互聯網安全之父，是互聯網新格局的締造者。

　　經過幾年的努力，周鴻禕帶領奇虎360公司於2011年3月30日在美國紐約證券交易所上市。奇虎360公司是互聯網安全、手機互聯網行業的領導者和先行者。

　　在互聯網領域，周鴻禕的顛覆是多方面的。他讓「微創新」得到了重新定義：要從細微處著手，採用聚焦策略，從而保證持續的創新，在不斷地創新中改變市場格局，同時也為客戶創造了全新的價值。在互聯網安全免費領域，他是第一個吃螃蟹的人。作為互聯網領域備受爭議的人物，他帶領同樣

人物專訪：攪動中國財經風雲的這些人
周鴻禕：互聯網行業的攪局者

充滿爭議的奇虎360公司，殺出了一條互聯網安全免費的血路，顛覆了行業的商業模式。雖然被同行的各種罵聲包圍，卻為用戶帶來了極致的產品體驗。從而也讓奇虎360公司的用戶數量直線上升，目前已擁有超過4億的用戶，成為中國互聯網公司的翹楚。

2015年，周鴻禕年滿45歲，而此時的他依然有「紅衣戰神」的好鬥風格，對於一些冒犯他的言論，他堅決回擊。他曾說：「不管是群毆還是單挑，我都奉陪到底。」其實，這才是一個真真實實的周鴻禕，一個攪局者、一個睿智的企業領導人。

▋360的問世改變了當時互聯網的遊戲規則

陸新之：你有沒有想過，在中國互聯網過去23年內，哪一年你對中國互聯網造成的作用最大？你做的哪件事對整個互聯網造成的推動作用是別人辦不到的？

周鴻禕：我認為是2006年，360問世那一年。360就是以打擊綁架軟體為己任的，當時中國互聯網之所以給我們提供了一個機會，恰恰因為當時中國主要的互聯網公司都在樂於甚至參與做綁架軟體。

一方面，這對用戶來說肯定是一個災難，更重要的是大家都不以做綁架軟體為恥，大家都覺得這是一個很聰明的方法。所以整個互聯網就變成了劣幣驅逐良幣，如果說大家都是背靠一種叢林文化，誰最流氓、誰膽子最大，誰就可以把自己的東西推得最廣，大家就不去比拚產品。這樣整個產業、行業肯定不會發展，包括你投資的所有公司都會考慮「我要不要去做綁架軟體，我如果不做，我就吃虧」。

但是，一旦我做了，你也做了，大家就變成都在一個泥坑裡打滾了。當時也沒有人相信有人能夠改變綁架軟體，或者說能夠消滅它。有人建議用法律的手段或者讓政府出來監管，但實際上最後還是360做了，它相當於給每個老百姓發了一把AK-47當武器。

綁架軟體和惡意軟體之所以能夠肆虐，不就是靠著老百姓不懂技術嗎？我認為 360 對互聯網最大的改變，就是改變了這一點。很多人做過綁架軟體，包括陳一舟，他當時做了一個 Dudu 加速器，還想靠這個上市，後來 360 把這個毒瘤殺了。之後，陳一舟也是幡然悔悟。我和他聊過，後來他去做了搜狗，還有校內，也就是之後的人人。那時候，搜狗有個工具項也是綁架軟體，被 360 打掉之後，我和張朝陽交流過，他們都承認這些屬於綁架軟體，他們並不怨恨我這麼做。後來，他們才做了搜狗輸入法。360 把大家重新逼到拚產品體驗、拚用戶體驗，而不是拚手法野蠻的階段。

陸新之：從某種意義上講，這相當於你無意中重新制定了遊戲規則？

周鴻禕：顛覆了這個行業的潛規則，因為這是對整個行業而言的，當時受影響的公司太多了。網易是沒做，除此之外，實際上（都做了），包括百度、騰訊。他們的客戶端的人到今天還沒放棄綁架軟體，特別是百度，對行業影響比較大。再往後像做免費防毒，更多的是影響到安全，防毒這個產業影響面沒有這麼廣。

先用免費創造優越的用戶體驗，再創造新的產業鏈

陸新之：你認為你對互聯網改變最大的是 2006 年，從 1990 年或 1991 年開始，互聯網這 23 年來，哪一年對你影響最大？

周鴻禕：我認為應該是 1996 年。因為 1996 年，我當時在北大方正，還是一個工程師。當時 Chinanet 才剛剛起來，因為我們是北大的公司，我當時遊說我的主管，說公司應該連上北大的教育網，這樣就可以開始進入北大的 BBS 和清華的 BBS，可以用瀏覽器看很多東西。我覺得在那個年代接觸互聯網的人，每個第一次都感覺非常震撼，就像給你打開了一個新的世界，你看到無數有意思的東西，軟體到哪兒都有，再也不用到中關村買光碟去了。線上有很多的原始碼，對於當時做技術的人來說，就像阿里巴巴進了四十大盜的寶庫一樣，比那個寶庫還要大，而且互聯線上什麼東西都是免費的，早期上網的人比較少，所以你線上上 BBS 裡面跟人聊天的時候，人和人之間的關係非常單純，而且比較樸實，所以當時就覺得互聯網特別好。1996 年，

人物專訪：攪動中國財經風雲的這些人
周鴻禕：互聯網行業的攪局者

我就萌發了要做一個互聯網軟體的想法，所以當時我就想做電子郵件。比 Foxmail 還早，我當時做了一個叫方正飛揚的軟體。而且當時做了一個擬人化的畫面。就很像蘋果今天說的隱喻，叫擬物式的介面。這個產品最終沒有成功，但實際上，我對互聯網的很多認識都是透過做這個軟體產生的。當時在北大方正，你做一個軟體一定要去賣，但是我覺得這個東西賣不動。因為所有軟體好像都是免費的，所以別人就問我，如果你免費了，將來如何賺錢？公司為什麼要支持你做？這些問題困擾了我很久，經過了很長時間，我想明白了：在 Internet 上出名，實際上是賺取用戶，然後在 Internet 上賺錢，所以 Internet 就是找企業去賺錢，當時希望給企業提供一些基於郵件的辦公解決方案。

到現在它被證明是關於互聯網早期的一個商業模式，就是剛開始可以先不賺錢，先給用戶帶來好處，當你得到了用戶支持的時候，就可以透過別的辦法（來實現盈利）——可能是找企業，可能是別人上門，免費的種子就是那時候種下來的。為什麼後來我對免費一直情有獨鍾？（那是因為）直到今天，互聯網在顛覆任何產業的時候，都是將這個產業賺錢的地方做成免費，為用戶創造好的體驗，然後創造新的價值鏈。這一點互聯網也證明了。正因為免費，所以帶來了顛覆。最近，所有人都感覺到了互聯網對傳統產業的顛覆了，所有人都開始跨界了。原來我做一個東西賣給別人，不需要跨界，但是現在都免費了，你要想賺錢，你就要延展企業的產業鏈和產品線。其實在 1996 年、1997 年，雖然我第一沒有創業，第二沒有自己的公司，但是我那時開始接觸互聯網，在互聯網嘗試做一個免費的電子郵件產品，實際上後來張小龍做了一個 Foxmail，也是當時第二個郵件客戶端，Foxmail 沒讓張小龍賺到錢，因為是免費的。但是沒想到過了很多年以後，他在微信上成功了。

▌提供極佳的用戶體驗

陸新之：你為什麼能做免費的東西？是因為有人投資支持你做這個事嗎？當時你是怎麼樣去說服你的投資人或者合作方的？

周鴻禕：當時我對免費可能沒有形成現在這麼清晰的認識，但是我對免費一直有一個非常質樸的感覺，我第一次上互聯網用到的東西都是免費的，我就一直認為免費是互聯網的血液，是互聯網流淌的精神，也是一種哲學。因為互聯網很多東西不僅免費，還開源，如果沒有開源，什麼事都做不了。今天你做一個網站，成本可能就很高。

從做方正飛揚的時候，我就形成了一個觀點：如果你做一個每個消費者都用的東西，它就應該免費，至於說怎麼賺錢，可能現在不知道，但是有足夠多的用戶願意用你的產品的時候，你可能就知道了。

陸新之：你身邊的投資人或者你的同事、同行、團隊能很快接受這個觀點嗎？還是有一定的過程？

周鴻禕：當年很多董事、投資人反對免費，公司內部也有不同意見。其實直到今天，你去跟別人談免費，很多人都不太理解。因為他們覺得免費違背我們生活的常識。在現實生活中，大家總認為免費是一種營銷手段，不可能真的去免費給別人送一個東西，因為送得越多，你虧得越多。他們其實沒有理解互聯網。因為你提供的服務是虛擬的，所以成本是固定的，用戶越多，每個用戶的成本反而越低，到一定時候，每個用戶的成本幾乎為零了。在互聯網，如果你透過免費聚集大量用戶以後，就是用戶群大，你就可以建立像廣告或者增值服務這種新的商業模式。所以我覺得免費在互聯線上不單是一種噱頭，更是一種不簡單的營銷手段，它本身其實可以成為一種商業模式，甚至成為一種顛覆的、創新式的手段。在顛覆式創新裡，免費是非常重要的，比如，淘寶對 eBay 的勝利。

當年支付寶的免費是非常重要的，今天微信不也是免費的，所以顛覆了運營商的簡訊。當時，包括今天還有人出來講，好像教育創業者，意思是說不要被人騙了，說互聯網還是要先想清楚怎麼賺錢。我覺得這恰恰錯了，我跟很多傳統企業家講，你們轉型互聯網的時候，第一個價值觀就是不要先想怎麼賺錢，而應該先想在互聯線上誰是你的用戶，你能給用戶做點什麼有價值的事情。因為我一直認為，首先要創造用戶價值，然後才可以在用戶價值的基礎之上，有機會去創造商業價值。所以用戶價值是根本，沒有用戶價值，

人物專訪：攪動中國財經風雲的這些人
周鴻禕：互聯網行業的攪局者

商業價值可能就是空中樓閣。怎麼去創造用戶價值？免費是一個非常常用的手段，而且歷史也證明，有時候越早知道怎麼賺錢的公司，在互聯網反而做不大，反而很多偉大的公司，像Google、Facebook、Twitter、微博，甚至早年的QQ，也不知道怎麼賺錢，但是它出來有價值，又免費，所以用戶特別多。當用戶數多到一定的時候，賺錢總是有機會的。

陸新之：我看你最新寫了一本書，裡面也有大概是類似的判斷，就是對客戶體驗的追求，包括我們看到說賠條褲子，在你買的時候，我多送你一條就行。

周鴻禕：對，2009年，有一部電影《建國大業》上映。在我的眼裡，《建國大業》是一部（講述）毛澤東帶著一群創業者逆襲了當時一個上市公司的故事。蔣介石當時帶領的是上市公司。撤出延安的時候，很多人不理解，撤出延安不就放棄收入、放棄業務了嗎？毛澤東就說：「地在人失，人地皆失，地失人在，人地皆得。」毛澤東的這句話可以看做是對互聯網免費的道路的總結，本質就是如何得到用戶。只要用戶群還在，任何收入都是可以做出來的。相反，要是你為了收入、為了業務，把用戶得罪了，用戶跑了，你就沒有基礎了。共產黨其實也是先得到用戶基礎的，得民心者得天下，這個話在互聯網裡，我覺得依然適用的。怎麼得到用戶？我覺得免費只是一個手段，其實關鍵在於創造極好的體驗：第一是用戶可以感覺到的，第二一定是超出預期，第三是非常極致。比如，我買了一條褲子，這條褲子不合適，店家給我換了一條，我只能說他客戶服務質量好，但是沒有超出我對店家的預期。但是，如果店家說「這耽誤你事，我們乾脆送你一條吧」，這就超出預期了。有一家被亞馬遜收購的賣鞋的網站叫Zappos。它是給你寄三雙鞋過去，你隨便挑，挑了一雙，剩下兩雙，免郵資，它再幫你收回來，這是超出所有人預期了。因為所有人買鞋最大的困擾就是，買了鞋要試，萬一不合適怎麼辦？

大、中、小都給你了。最重要是，回來的物流費它也包了，所以超出了預期，哪怕就一次。所以創造好的體驗，最後一個檢驗效果，就是好的體驗，用戶才會對你產生超越生意料之外的一種情感認知。如果用戶跟你永遠只是生意關係，用戶花了錢買了東西，這不叫體驗，他不會對你有感情的認知，

不會有感情的認知就不會成為粉絲。粉絲信任你的產品不是因為你給了他們錢，一定是他們覺得你的產品有價值，才會形成口碑，有口碑之後才能形成用戶更多的傳播。

陸新之：360 的產品有沒有剛才你說的那種超出用戶體驗的例子？

周鴻禕：這個是我們一直要追求的目標。我們剛開始就做得比較好，後來中間有一段，因為公司做大了，我覺得很多產品就顯得有點平庸了，但是最近我們又重新要求大家專門去做了。比如 360 安全衛士剛出來的時候，它的軟體介面很一般，功能也很一般，但是它有一個預期，當時所有的綁架軟體都是業界裡面的熟人們、前輩們做的，當時防毒軟體都不敢清理。

為什麼不敢清理？怕得罪人。360 當時一出來，大家會覺得超出預期，因為覺得所有綁架軟體都能清理。清理之後，電腦確實乾淨了，這是用戶能感知到的，用戶就會覺得自己花錢買的防毒軟體都沒做到，結果不花錢的 360 安全衛士做到了。後來免費防毒的商業模式成功了，免費防毒就是典型的商業模式的顛覆。我們宣揚的是永久免費、終身免費，原來的免費都是免費一個月、免費六個月，後來就是免費一年，但是用戶總覺得過兩年它就要收費了。最近我們做了隨身 wifi，第一，簡單。它插到電腦上，能將電腦變成免費的路由器，手機馬上就能連上了。它比一般的路由器要簡單多了，因為一般的路由器要設置、連接，很麻煩。第二，價格，隨身 wifi 價格 19.9 元，這是它的成本價，超出了所有人預期。因為在此之前，同樣的東西會賣到三四十、四五十元。其實你要相信用戶會選擇，你的東西做得足夠好，又確實能超出預期，它就能形成好的用戶體驗。

▎把握住用戶的痛點

陸新之：從目前來看，360 的市值已經排到中國互聯網公司的第五了。至於收入，我猜，去年可能 40 億，今年可能 70 億，明年 100 億，就已經成為一個巨頭了，你對 360 的規劃和遠景是怎樣的，是跟以前一樣繼續做一條鯰魚？還是會有一些變化？

人物專訪：攪動中國財經風雲的這些人
周鴻禕：互聯網行業的攪局者

　　周鴻禕：第一，我不想成為巨頭，因為公司做得太大，最後不可避免會成為美國人所說的「大公司總會很邪惡」，總是會把這個行業的價值轉成它的價值，它對整個行業帶來的不是推動作用。我原來是反巨頭的，我不能利用反巨頭把自己變成巨頭。而且成為巨頭也有很多條件和要求。

　　第二，我對公司的價值觀還是跟其他人不一樣，我不太願意用收入、市值規模去衡量一家公司。如果一個公司市值很高，比如蘋果或Google，是因為它們做了一些讓用戶或者說讓人類真的覺得很好的東西。有的公司曾經市值也很高，其實中國互聯網也出現不少中概股公司，但是那種公司的產品並沒有多少價值。我並沒有一個明確的目標，說一定要把公司的收入做得多高，市價做得多高。我覺得，如果一個公司不能不停地創新，不能繼續做出讓用戶覺得好的產品，這個公司就是沒有價值的。騰訊之所以有這麼高的市值，還是因為它有了微信，有了一個重量級的產品。產品是基礎，我的目標現在還比較明確。

　　第三，我一直覺得，在我們這個行業裡，並沒有什麼策略可言。因為時代變化太快，任何一個巨頭的倒下都是轟然的，都可能瞬間能發生，想想騰訊今天如果沒有微信會怎麼樣？可能就出問題了。阿里巴巴今天做得這麼強，但是一個微信支付，就能夠給支付寶帶來巨大的威脅，這種轉換是電光火石之間的。而且回過頭來說，騰訊是因為有了微信才有了策略，而不是因為有了策略才會有微信。

　　陸新之：既然你覺得互聯網公司沒有策略可言，什麼是互聯網公司的根本？

　　周鴻禕：儘管很多巨頭還在熱衷於談策略、談布局，我還是認為在這個行業裡能真正挽救一個公司的，或者讓一個公司能夠跨上一個大台階的根本在於能把握住用戶的痛點、剛性的需求，能做出超出所有人預期、讓人驚豔的產品，讓每個人都用。我覺得其他講財計、講資本運作的都是我不熟悉的領域。我還是希望在未來的互聯網領域能找到類似這樣的機會。比如，可穿戴裝置、智慧裝置或者說智慧物聯網，這可能是一個巨大的機會。當萬物都要聯網，安全無處不在的時候，360能不能在這樣的新時代保障人們的安全，

能不能利用360的技術把安全延展到新的領域，這是我們現在很重要的目標。所以最近我們做的幾件事情實際上都是為了這個。比如，大家都在做手環，所有人都在做運動、計步，但是我們卻沒有這樣做，我們做的是小孩子（的安全手環）。首先，在中國有很多小孩子，父母都擔心他們的安全，怕他們亂跑、走失，甚至每天上學，都希望知道他們確實在學校裡，因此我們希望透過手環嘗試去確保孩子的安全。

其次，它的價格很便宜，定價是按照我們硬體的成本價做的，199元，不賺一分錢，量少了還可能要虧錢。有人說兒童的錢很好賺，但我們希望去做一件對孩子、對家庭有利的事。不一定要去賺這個錢，它本身有意義，會讓更多人喜愛你的品牌，更信任你。過去講網路安全可能是公司的事，但現在家庭也像個區域網，家庭很多事就連在這個線上，我們就想往這個方面做安全維護器。

給年輕的互聯網創業者幾點建議

陸新之：從你現在的角度，對於當下互聯網從業人員或創業者，你有什麼建議？在這個跨界、紛繁複雜的環境裡，想在這行業發展的人，你有什麼建議？或者說，假如你今天要重新創業，會怎麼提醒自己？

周鴻禕：第一，對沒有經驗、比較年輕的創業者來講，首先就要接地氣，要找到用戶的痛點，解決沒被解決的問題。所謂接地氣，就不要變成行業評論家，不要老去看那種行業方向性的文章，因為那種馬後砲式的總結，大家都知道。一定要去看看你熟悉的用戶群中有什麼樣的問題沒有解決。我一直認為任何一個公司的起點在矽谷，它一定是產品化的，而產品就來源於用戶的痛點，要找到用戶的剛性需求，這是最重要的，哪怕是一個很小的點，就是要解決用戶問題。凡是這種不解決用戶問題，概念性地說符合某種趨勢，擁有什麼資源，這種創業從來都不會成功。

第二，你可能做不了多大的事業，但是一定不要簡單地複製別人，一定要有差異化，有自己的特點；否則，對於大公司來說，抄襲還有點優勢，小公司是一點優勢都沒有。

人物專訪：攪動中國財經風雲的這些人
周鴻禕：互聯網行業的攪局者

第三，剛開始做的事情比較冷門不見得是一件壞事，因為熱門的事業意味著誰都知道這個，往往不是小公司的機會。小公司要成功，一定要有先發優勢，而憑什麼你能先發呢？是因為別人看不上、看不起。無論是小米剛開始做手機，還是360剛開始做免費安全的時候，其實大公司都是笑話的。我最早有做360這個想法的時候，和馬化騰、李彥宏都談過，甚至還專門到深圳跟馬化騰的團隊介紹過，這個想法已經公開跟大家說了，但大家都看不上，都覺得這個想法不可靠。

陸新之：對於年輕的互聯網創業者而言，你覺得做冷門最缺少的是什麼？

周鴻禕：我覺得很多創業者缺乏自信，他們就覺得我這個東西很多人做了，才有存在感。其實錯了，剛開始創業的時候，對於真正創新的想法有一個很重要的證明，就是行業裡成熟的公司會認為它不可靠。比如我自己做投資也錯過一些項目，有些項目後來也讓我大跌眼鏡，讓我發現自己犯了一些經驗主義的錯誤，認為這些東西不可靠、不成熟。所以有的時候要耐得住寂寞，坐得住冷板凳。很多時候你要做一個冷門的東西，等到它起來的時候，開始熱門，你已經有好幾年的積累了，這個時候你才有優勢。就像叫車軟體，剛出來的時候，巨頭意識到了嗎？

大家都覺得叫車軟體多此一舉，認為叫車站在路邊等就行了，用什麼軟體？再想想，只有大城市才有這麼巨大的叫車需求。所以最早有人來問我的時候，我就覺得不行，後來發現這確實不是個小事，但意識到的時候，大家都在爭了，就已經晚了。

所以上述幾點建議非常重要。還有一個建議：在剛開始做的時候，不需要非常完整的商業模式，甚至剛開始不知道怎麼賺錢也沒關係。不要兩線作戰，想怎麼賺錢，應該思索好怎麼為用戶創造價值，用戶至上是非常重要的。還有一個就是剛剛說的體驗為王。我覺得在做用戶體驗方面，一定要想辦法把它做到極致，要做到極致一定要聚焦。小公司最忌諱是做很多事情，或做很多功能。用戶選擇你的產品往往不是因為你擁有某些功能，而是某一個功能可以打動他，因此體驗就要做單點極致的東西，要形成一個錐子。其實這個原則很簡單，但是它違背人的常識，所以大家經常犯這樣的錯誤，包括我

們自己，我們有些產品做著做著也開始堆砌功能了。每個體驗都很稀鬆平常，最後就形不成用戶口碑。

最後還有一個建議，就是不怕犯錯，我覺得真正的創業者不要怕犯錯誤，因為犯錯和失敗其實是創業的常態，你不可能做一件十拿九穩的事情。屢敗屢戰，從策略上來說，你要有韌性，要有屢敗屢戰的（精神），被打倒還能再爬起來，不要因為一兩次挫折就把你給打垮了。從戰術上來說，叫小步快跑，不斷地試錯，就是你每次也別說三年磨一劍、十年磨一劍，你可以十週磨一劍，然後馬上試，不行，再回去磨。

陸新之：從這個角度講，你現在投資項目，是否也看它們符不符合你所講的這些方向？

周鴻禕：理論上可以這麼說，但當你真正投資的時候，更多的是看人了，因為我不可能去取代他做事。從業務模式上，我們會做一個判斷。而且，業務模式都是可以變化的，今天可能很不起眼的一個東西，就好像你今天去收養一個剛出生3個月的小孩，你說他能做什麼？你要光看他今天的樣子，肯定他又不能打架，又不能打仗。（但）他長大可以做很多事，所以一定要站在現在去看未來。但是，他能長成什麼樣，還要看他的父母，就是他的創造者，以及看他的基因。

我認為除了剛剛的幾條之外，對於創業者來說最重要的還有幾點。第一，創業者有沒有韌性。他不是為了短期的財務來創業，他真的是想做成這件事，就有一種韌性。不然他一碰到困難就放棄了，肯定不行。第二，他有沒有學習能力。我一直認為創業者並不是說本來有多厲害，他們都是在創業中和公司共同成長的，所以他要不斷地學習，與時俱進，聽別人的建議。一個剛愎自用、固執的人，很難與他人合作，也很難成功。第三，他有沒有合作性，有沒有開放的胸懷、心態，願意同投資人、其他合作夥伴、其他創業者一起合作。如果一個人唯我獨尊，就很難合作。不願意跟別人分享成功的人，別人很難跟他合作。中國互聯網行業中，越是成功的二次創業者，越是善於利用像我這種人來找一些業務成功的互聯網公司，讓它們來投資自己，給自己資源。這些二次創業者很善於合作，利用別人幫他們快速做大。

人物專訪：攪動中國財經風雲的這些人
周鴻禕：互聯網行業的攪局者

反而越是年輕、沒有經驗的創業者，有了一個想法，就覺得自己已經成功了，死死抱著自己的「金娃娃」，誰來跟他談合作，都覺得別人要來搶自己的成果。覺得別人想來分自己的東西，心態不好，這樣的創業者很難做大。

▎互聯網不斷變革

陸新之：你說得都很直白，但確實是個問題，你說得很清楚了。現在，有人說中國互聯網整個秩序在重組，方興東都說從傳統互聯網向手機互聯網過渡。你怎麼看待現在互聯網的整體趨勢？風險大還是機會大？是否在醞釀一個大革命？

周鴻禕：無線互聯網的革命其實已經在發生了，不是說是一個趨勢。事實上，因為手機跟PC設備最大的不一樣是它無時無刻不聯網，它成了人隨身攜帶的一個東西。我也同意馬化騰的觀點，手機更像人的器官，而電腦永遠只是人的工具，這兩個性質是有巨大差別的。無線互聯網使過去不用電腦的人、不上網的人都能夠連接到一起，所以無線互聯網正在給傳統互聯網帶來巨大的顛覆，原有的模式不一定有用了。如果騰訊只有一個QQ，沒有微信，它可能就會在無線互聯網時代失去先機了。因此這個格局變動非常大，機會很多，大亂才能大治。

第二個顛覆是現在的智慧設備會進一步把互聯網解構，以後上網設備不光是電腦、電視和手機了，可能各種各樣的設備都會上網。冰箱、微波爐、汽車都會上網，所有人、整個世界都會連在一起，一切變得更加智慧化。過去很多跟互聯網沒有交集的行業馬上就跨界了，這些行業都受到互聯網的衝擊。過去互聯網衝擊得更多是離它比較近的（行業），如媒體、資訊、IT。現在如果有一天互聯網把冰箱產業衝擊了，你也不會覺得驚訝，甚至互聯網跟汽車產業也會產生巨大的碰撞。對很多傳統行業來說，互聯網的挑戰也非常大，所以這既是挑戰，又是機會。如果應對不當，很多行業會被互聯網改變。因為互聯網會改變你的用戶體驗，互聯網會改變你的使用方式，互聯網甚至會革掉你的商業模式。比如，過去生產電視，只要把電視的質量做得足夠好、價格賣得足夠便宜，就能賺錢。以後賣電視不再是個生意了，賣電視

沒有利潤，甚至還會賠錢。說不定送電視，然後大家比拚的是，電視買回家之後，廠家能在上面提供多少服務、提供多少內容，最後你會發現賣電視的公司還得去拍電影、拍電視劇，這下傳統的商業模式不是都被打亂了嗎？

陸新之：這不是跟Sony當年做的事一樣嗎？後來不是去收購了一大堆影視公司。

周鴻禕：對，但是Sony生產的電視並不是智慧電視，所以導致它這兩個鏈條連不起來，你想如果Sony收了如哥倫比亞、派拉蒙幾家公司，能有Sony獨家的內容，對Sony來說還是很有利的。

但是，如果它又搞封閉，可能又不行了，又不符合潮流了。

回過頭來，你的機會又大了。但是，中國互聯網具有特殊性。第一，幾個巨頭占據了特別有利的位置，像騰訊控制了微信、百度控制了搜尋，都是這種比較大的壟斷之後，它們就開始壟斷雲端了，這對創業者來說，機會比較難有了。這個判斷很重要。不是你做不來，是你一做，後面的巨頭會把你幹掉。現在的巨頭希望大家做點小事，依附在它們這個產業鏈上分點小錢，對它們沒有威脅。我們在這裡作為一條鯰魚，其實刺激了巨頭，把巨頭都給打醒了。巨頭打醒之後，有點矯枉過正，過去巨頭動作比較慢，現在巨頭對小公司的反應速度比原來快了很多。

第二，過去巨頭不愛收購投資公司，都是以打壓、扼殺為主。現在巨頭被我們逼得不得不去出大資金收購和投資一些公司了。這也是一個雙刃劍，確實有很多（小）公司可以獲得套現的機會。回過頭來說，很多公司還很小的時候，巨頭可能就快速遏制了它們的成長，巨頭們也許希望將來的行業是一個大者恆大、強者恆強的局面。如果這個局面真的形成，會非常不利。因為巨頭壟斷整個產業鏈，就像大樹下面長不出其他大樹了，都是一些小草。這樣的話，所有年輕人只能去大公司打工，創業的機會越來越少，對整個產業的進步、創新實際上是不利的。即使今天大公司所做的創新也都是被逼的，一旦形成真正的壟斷，對它們來說，不創新、維持現狀永遠是最好的。

人物專訪：攪動中國財經風雲的這些人
周鴻禕：互聯網行業的攪局者

沒有了創新的動力。今天騰訊創新的動力可能就來自於「3Q大戰」。360確實把它打醒了，騰訊還是做了一些創新。但是，百度搜尋跟我們搜尋大戰之後，搜尋被我們搶了25%份額，之後百度就沒什麼創新了，它更多是把騰訊的衣缽給接過來了，更瘋狂地抄襲所有人。然後靠自己錢多、推廣厲害、靠整體量去贏得這個比賽，所以我覺得這也是中國互聯網的一種本地特色。

陸新之：特別是百度這一兩年瘋狂買了很多東西，就是以量取勝。你問百度哪個產品好，可能每個產品大家都沒印象。說回搜尋這個領域，現在一個是安全，一個是搜尋，你未來會往哪一方面投入更多的精力或公司資源？

周鴻禕：我覺得安全是基礎，肯定是最重要的，搜尋是我們一個很重要的方向，除了在傳統搜尋領域，我們下一步要把無線搜尋做好。第一，無線搜尋跟傳統搜尋很多基本技術是一樣的，沒有傳統搜尋，只做無線搜尋是沒有基礎的。第二，它確實在產品體驗上是完全不一樣的。無線搜尋可能要想辦法去智慧感知你的想法，然後去猜測，給你不斷地去推薦一樣東西。

▌做中國最大最強的安全公司

陸新之：現在手機搜尋的體驗不太好，用百度搜尋也一樣，搜出一大堆沒用的資訊。你有沒有想過在這一方面有個突破？或者說，除了安全衛士，你做過哪些跟技術不太有關係的，但更重大的決定？比如說像360上市這樣的決定。

周鴻禕：上市，我一直覺得只是一個手段，不是目的。很多人覺得上市是很重要的一件事，但是上完市之後，你才明白它只不過是一個里程碑，然後你還得繼續往前跑。我的理念還是認為不以市值、收入衡量。你賺了100億是不是就可以了？我覺得這都不是。上市是一個手段，真正的情況是能不斷地做出產品。所以我希望接下來也能做出對上億網友有影響力的產品，這是我追求的目標。

陸新之：能不能說，其實你還有一個心願，就是想做一個比 360 安全衛士更影響互聯網的產品？

周鴻禕：對，因為寫書、寫回顧的時候，就不得不提 360 安全衛士。我不想以後再繼續講 360 安全衛士的故事了。

因為 360 安全衛士已經是 8 年前的事情了。一個企業要與時俱進。比如在無線互聯網時代，我們做了手機衛士，可以攔截騷擾電話，但它不是一個革命性的東西。在如今，已經是可穿戴的智慧硬體的時代，我們應該能做點什麼。

陸新之：你預計你下一個比較滿意的或者你有期望的產品什麼時候能出來？一年之內？

周鴻禕：這個不是能預計出來的，要在公司裡不斷地去嘗試。確實從創新的角度，任何一家公司，包括大公司、小公司，都沒有誰能預先看到哪個領域會成功，實際上有的是靠機率、靠嘗試出來的，因此，最重要是在公司裡要建立創新的文化和對產品的追求。

陸新之：所以是這和外面沒關係，和行業別的誰沒關係，還是咱們自己能把這個事情做好？

周鴻禕：我也覺得有點迷惑。最近，這個行業好像有個無形的指揮棒在指揮。一說互聯網金融，大家就衝過去了；一說無線支付、手機支付，大家又都衝過去了，反正哪裡熱門大家就往哪裡去，真的要這樣嗎？我覺得每個公司有每個公司的基因，每個公司應該有自己的核心，是立命之本。中國互聯網已經變成了只要用戶多，啥都可以做的局面了。基本上百度和騰訊、阿里巴巴都是全業務，最後都很像。全產品線，每個地方都競爭。

這樣的風格我不喜歡，矽谷的風格就是每個公司的存在跟別人不一樣，所以我要找到自己不一樣的東西，360 目前已經是中國最大的安全公司，我希望能做成中國最強的安全公司。我希望不僅僅能保護大家的電腦安全、網路安全，也能保護家裡的安全，個人的安全，我覺得這裡面還有很多事情可以做。

人物專訪：攪動中國財經風雲的這些人

周鴻禕：互聯網行業的攪局者

陸新之：這個願景很大很有意思，要實現這個的關鍵是什麼？要建立一個企業文化嗎？還是要有其他什麼？

周鴻禕：本質上還是要回歸企業文化，因為當你發現需要人去做事，人多的時候，你就不可能盯著每個人，要他們自己去做。而每個人的做事方式都不一樣，最後還是要把他們統一起來，這麼多人的企業，只能靠文化。文化就是一個企業裡每個人說話、做事的方式。人少還好，你可以靠自己去影響；人多了之後，很多人你影響不了，怎麼形成一致性的文化（就是重點）？企業做到一定的時候，人們就會感慨企業文化（的重要），但往往最後它可能會變成企業要過的最大的一個障礙。

陸新之：360 過了企業文化這個障礙了嗎？還是說基本過了？

周鴻禕：我覺得還沒有過，我們核心團隊文化上可能沒有問題，但是這幾年人員膨脹得比較快。4800 人的規模，如何讓新進來的人形成一種企業文化認同。比如大家都認同做產品，要做到極致，要找到體驗的點，而不是說做出的產品和別人的都差不多。我們經常聽說，某個人說自己做的某個產品怎麼樣，另一個人就說誰做得比自己差，我就經常說，他們的標準太低了。

我說你到底給用戶創造了什麼價值，哪怕是一個價值點都可以。可是很多人都說不上來，經常說他做了這個功能、那個功能。我說用戶要的並不是功能的齊全，而是產品的價值和體驗。我們公司上市的時候才 1000 多人，這 3 年每年都增加 1000 多人，這個膨脹速度太快了。

很多人很喜歡這種辦公大樓。公司搬到這種辦公大樓，其實真的未必是個好事，條件好了，環境好了，會給很多新員工錯誤的資訊，他會覺得到了一個大公司。很多人到大公司以後，可能就沒有了一份責任感，覺得天塌下來有公司頂著，（認為）自己到這兒來就是做一份工作。我覺得要是這樣想就很可怕。我還是希望能夠在公司裡面挖掘出一批有激情、有野心、希望能做點什麼偉大的事情的年輕人。

後記

2014年12月，奇虎360公司投資4.095億美元與酷派組建了合資公司，周鴻禕正式進軍手機領域。據消息人士透露，周鴻禕將出任合資公司CEO，酷派集團董事長郭德英將出任董事長。

在2015博鰲亞洲論壇期間，周鴻禕在「顛覆式創新」的跨界對話中表示，目前，爆紅的中國產手機——小米手機並沒有從技術領域對手機行業進行顛覆，只是在商業模式上進行了顛覆。同時，他透露，將來360手機也不可能在技術上帶來革新，他會將重點放在用戶體驗和銷售模式上，這兩方面他會做到與現有手機的差異化。

2015年3月26日晚，周鴻禕在新浪微博發消息說自己為了做手機，準備賣掉座駕賓士S600L籌錢。其實，他的本意當然不是賣車，而是為360手機宣傳造勢。

周鴻禕賣二手賓士事件在網路上引起軒然大波，該事件終於在2015年4月9日上午塵埃落定。平安好車、車易拍、58同城和趕集網四家二手車交易平台同時參與這台賓士S600L的拍賣，最終該車被平安好車以217.47萬元拍得。

人物專訪：攪動中國財經風雲的這些人
任志強的邏輯力量

任志強的邏輯力量

採訪人／蘇小和

任志強，曾任華遠地產股份有限公司董事長，並在華遠地產持有股權的合資公司或下屬公司擔任董事長、總經理等職，現任北京華遠浩利投資股份有限公司董事長、北京銀行股份有限公司董事。

任志強在房地產界具有極高的知名度。有人稱他為「地產總理」，也有人說他是「人民公敵」。

任志強是山東掖縣人，1951年出生在一個高層家庭，兩三歲的時候隨父母一起落戶北京。從商之前，他在軍隊待了11年，其間，表現優異，入黨提幹。復員後，任志強開過小商店、洗衣部等。1984年，任志強進入華遠地產。

任志強的邏輯力量

「華遠」是中國國內房地產業最早創立的品牌之一，至今已誕生三十餘年。2015年1月，華遠地產榮獲「中國責任地產TOP100」稱號。這是華遠地產連續四屆獲此榮譽。

1985年，任志強以「貪汙罪」被關進看守所，1986年被無罪釋放。1996年，任志強帶領華遠上市，使華遠成為中國國內第一家進入資本市場的房地產企業。

1984年至今，任志強主持或參與了華遠近50個房地產項目的開發工作。

2011年4月，任志強辭去華遠集團董事長一職。

2014年11月，任志強透過微博宣布正式退休。

眾人都說任志強又名「任大砲」，言下之意，是指任志強這個人喜歡信口開河，故作驚人之語。事實上，任志強近幾年的確靠著他那張大嘴，贏得一身罵名，以至於有的人咬牙切齒，死活把任志強當成了中國房地產資本家的代言人。在這個仇富心態暴漲、房價把老百姓壓得喘不過氣來的年代，任志強當然是一個送上門來的大好靶子。他夜以繼日顯擺自以為正確的觀點，人們廢寢忘食發洩自以為正確的憤怒。

說實話，人們的憤怒事實上抬舉了任志強。在當下一大串蒸蒸日上的房地產公司中，華遠是個小得不能再小的企業。從規模上看，華遠地產進入不了房地產企業的前50名；從產權上看，華遠地產到今天為止仍然是一家由北京市西城區主管的國有企業。我的意思是說，在21世紀初期的中國，任志強僅僅是百年官商結合傳統裡的一個小小的縮影。僅僅就企業而言，他進入不了歷史，他的企業規模太小，他左右不了中國房市的大局，甚至連影響北京房市的能力也沒有；而國有企業的制度安排，表明任志強的個人財富，主要還是靠薪水和獎金，儘管他在自己的子公司裡可能做了一些產權改革的嘗試，但華遠地產整體國有體制不變，下面再怎麼修改，也不過是一種變相的「聯產承包」。也就是說，跟潘石屹、黃如論、楊國強、楊慧妍、朱孟依這些地產前輩相比，任志強撐死了也就算一種「小富即安」，他不是那種富

可敵國的商人。按當下的體制來看，任志強最多也就是一個比較富裕的、北京市面上愛聊天說地的「小處長」。

北京的大街小巷充斥著這種膀粗腰圓、唾沫星子橫飛的「侃爺」（指健談的人）。任志強對自己的「侃爺」風格並不忌諱，並且認為自己天生就關注政治、關注經濟，喜歡宏大敘事：

「我們這代人天生就是從政治的染缸當中染出來的。從小的時候就開始關心國際大事、關心政治，比如從抗美援朝開始到三面紅旗、大躍進，再到『文化大革命』、天安門事件、打倒「四人幫」等。這代人就是這樣成長起來的，讓我們不關心政治不太現實。所以我們北京的計程車司機都會說政治、說經濟、說官場，但是上海的計程車司機是談怎麼做生意、賺多少錢，到長沙可能更多的人關心超女超男。地域文化、生長年代決定了人們關心的重點不一樣。」

任志強的不同之處在於，他認為自己的每一次閒聊，都是一次學術演繹。有次我和任志強長談，他上來就言明自己的法學方法論：

「法學的概念是統一的，它分析問題的方法、判斷的基礎條件是一致的。不管學習的是什麼法律，立論的方法都是一致的。律師在法庭上辯論，他肯定攻擊對方認為最不應該被攻擊的地方，他會選擇攻擊點，這是一種法學習慣。學過法律的人可能更多會從這些角度，或者用這些方法來思考。比如說馬列主義的很多東西，比如『否定之否定』，實際上帶有哲學和法學的方法論。這樣的東西融合在一起，會讓我從另外一個角度，或者從相反的方向看問題，不但可以看到別人看不到的問題，而且可能提出一些別人不能理解的觀點，這可能是我總是引起大眾誤會的一個原因。」

很明顯，任志強帶有一種「法學方法論」的自信。當他對那些憤怒的人們說話時，事實上他先入為主地給自己預設了一種法學啟蒙的色彩。1980年代中期，任志強曾經被組織收監，他說在監獄的一年多時間中，他只能看到法律方面的書，監獄不提供其他的書。因為要自我辯護，要請律師，監獄管理方將當時的法律書悉數提供。任志強不僅將《法學概論》這樣的理論書讀得爛熟，而且把一些相關的法律條款從頭到尾背了下來。日後任志強笑談到，

是看守所的生活把他逼上了法學之路。這個情緒激動、滿嘴砲風，時不時惹出麻煩的人，竟然建構起了自己的法學思考習慣。

我的知識結構與「文化大革命」、監獄有關

蘇小和：請描述一下你的知識結構。比如我們說楊小凱的知識結構由他的新興古典經濟學、中國憲政研究和後期的基督教終極關懷組成；吳敬璉先生的知識結構可能主要來自亞當・斯密的古典經濟學理論、顧准的經驗主義，以及基於現實建設的法治的市場經濟理論描述。你的知識結構大致由哪些方面構成，每一個方面都有哪些有意思的個人史？

任志強：我們這一代人受馬列主義的影響比較多，還經歷了「文化大革命」，人們都是「懷疑一切、打倒一切」。後來大家開始用自己的腦袋想問題，這個可能對這一代人的影響最大，所以這一代人可能提出的問題最多，思想也是最活躍的，想法也是最多的。這種影響的可能性比較大。

「文化大革命」中期的時候，實際上恢復了一些舊的讀物。那時候人民的知識比較貧乏，除了八大樣板戲以外，基本上沒有什麼太多的東西。當然，這些人大部分都可以從書店獲得重讀 18 世紀一些優秀的文藝作品的機會，也包括蘇聯第四代和第五代作家的一些作品。第一代、第二代作品大家都知道了，但是第四代、第五代作品實際上現在的年輕人可能都不太知道，但是當時對我們這代人有比較大的影響，比如《你到底要什麼》《多雪的冬天》《帶星星的火車票》《人與獸》等。

這些作品實際上是反映了蘇聯在取得社會主義革命以後的一些變革，當然你們可能最多知道第二代作家、第三代作家的一些作品。他們和後幾代作家可能對我們這一代人都有一些影響，對社會主義開始提出質疑，對中國制度和社會主義制度提出質疑，而且提出中國以後應該向哪個方向去的問題，這可能是在當時那一代人裡很有影響的一些作品。現在的年輕人可能已經不重視了，因為我們經過了改革開放，改革開放以後的事情就已經實現了他們當時提出的問題；或者說蘇聯已經解體了，就已經完成了他們的時代影響。但對我們這代人來說，那個時候的這些東西的影響是深遠的。

蘇小和：的確如此，我們看到，關於中國向何處去的思考，一直是幾代中國人揮之不去的心靈主題，即使是在「文化大革命」期間，這樣的思考也是從未停止。

任志強：所以我們開始設想了一些中國到何處去，中國社會如何繼續運行的思路。當時，「文化大革命」還沒有完全結束，那些文學作品對於我們那一代人思考怎樣結束「四人幫」時代、如何進入改革開放新時代有一定的影響。

可能對我個人來說，影響比較大的還是因為蹲過監獄，以後又學了法律，所以我更喜歡用法律上的語言來思考和回答問題。所以我的部落格裡面，有很多東西實際上是從相應的法律角度來說的，我的要求是比較嚴謹的，或者說有一定的論據論證，才能提出這個觀點。

如果從法律角度來說，我可能更多地直接撞擊到別人的痛處。

蘇小和：你學習的法律是什麼方向的？或者說是屬於什麼系統的？

任志強：民商法。但不管怎樣，法學的概念是統一的，它們的思想方法或者說分析問題的方法、判斷的基礎條件是一致的，不管學習的是什麼法律。當然我不是以國際法為主，但是立論的方面是一致的，因此可能是說話的方法不太對。可是律師在法庭上辯論，他肯定都是攻擊對方認為最不應該被攻擊的地方，他會選擇攻擊點，這可能是一種習慣。學過法律的人可能更多地會從這些角度，或者從這些方法來出發。比如說馬列主義的很多東西，比如「否定之否定」等，實際上也帶有哲學和法律的一些觀點。這樣的東西融會在一起，會讓人從另外一個角度，或者從相反的方向看問題。不但可以看到別人看不到的問題，而且可能提出一些別人所不能理解的東西，我覺得這個可能是引起誤會的一個方面。

蘇小和：我一直認為普羅大眾對你的誤解，是可以理解的；但媒體對你的誤解，就有一些遺憾了，我發現幾乎沒有哪家媒體完整地傳播過你的觀點，都是在斷章取義。

人物專訪：攪動中國財經風雲的這些人
任志強的邏輯力量

任志強：我倒是能理解媒體。媒體會選擇其中有眼球效應的一部分，比如口號一類的東西。我的部落格線上上經常被他們改題目，或者只選擇其中一句話——可能並不是我全文核心的內容——作為標題。媒體天生就如此，就像人趨利一樣。有人曾舉例說，所有的報紙一定是極「左」派的，不管是中國的報紙，還是國外的報紙。它一定是激進的形式，否則它可能失去了更多的讀者。但是我們中國的極「左」派是一種沒有思考的整體性的極「左」，就是說從記者，到編導、編輯，一直到上層管理者，都偏向於極「左」。因為極「左」在中國是不會犯錯誤的，而且極「左」更容易吸引更多的老百姓或者讀者。

事實上國外媒體的極「左」傾向也存在，但國外媒體的主管都是極右派，所以有一個制約的機制。主管當然也希望他的媒體極「左」，否則就失去民眾了。但主管本身是屬於極右的，當媒體極「左」到一定程度時，他就會壓制很多新聞，這兩者之間就會平衡。因為媒體儘管有很多極「左」的東西，但是也會反映一些真實的東西，所以在機制上應該有個平衡。只是中國沒有這個平衡機制，從上到下都是以極「左」為主，沒有平衡基礎，因此媒體就會選擇且會被允許選擇這些大家認為並不是真實或斷章取義的東西。

國外的媒體，在過於極「左」的時候會被極右壓制。當然也有代表右派的報紙，但大部分都以極「左」為共性。我們中國因為缺乏這種制約機制，所以輿論顯然會往一邊倒。因此當某一媒體產生一個聲音的時候，其他的媒體可能用同樣的方法去跟風，它就變成了一股很強大的力量，那麼民眾會產生很多的誤解。

我舉兩本書的例子，一本是《烏合之眾》，還有一本是《身分的焦慮》。艾倫．狄波頓對媒體也是這樣的評價：「報紙會使這一情況變得更加糟糕。勢利者通常並無獨立的判斷能力，他們無非是撿拾那些所謂的社會名流的牙慧。因此，勢利者的觀點和立場在極大程度上受報紙導向的影響。」我們可以看到國外很多書，都是用這種方法來表達媒體的導向性錯誤。不得不承認，這個社會裡的「烏合之眾」是一個常態，對「烏合之眾」的迎合，或者其他類似的情況，是比較典型的表達方式。

蘇小和：我能否理解成，你一直在提醒自己獨立思考，既不媚上，更不媚眾，或者說是主要不媚眾？

任志強：從我的知識面來說，由於我們這代人天生就是從政治的染缸當中染出來的，所以從小就開始關心國際大事、關心政治，讓我們不關心政治不太現實。所以北京的計程車司機都會說政治和官吏的情況，但是上海的計程車司機是談怎麼做生意、賺多少錢，到長沙可能更多的人關心超女超男。地域文化、生長年代決定了人們關心的重點不一樣。所以，我們1950年代初期出生的人，更多的可能還是討論政治、經濟等這些所謂的國家大事。

「文化大革命」以後，改革開放以來，我們就有一個基本的想法，中國的經濟向什麼地方去？這個大家比較關心。很多人說我接近於學者，或者說更多地關心宏觀經濟。確實是這樣。1990年代初期，我們就投入改革基金會八百多萬，支持其做宏觀經濟論壇。我們組織了各種各樣涉及宏觀經濟的活動，因為我們想從理論上解決中國向何處去的問題，解決中國制度改革、國民經濟發展的一些問題。到現在我們仍然堅持著做宏觀經濟論壇等活動，這樣就使我們和宏觀經濟緊密聯繫起來，這是做企業家應更多關心的事情。

還有就是關於企業管理的問題，比如說經營機制等，我們也會有很強的支撐。我們也尋求了北大光華管理學院的支持與合作，共同做了很多企業論壇之類的活動。

關於這兩方面，可能一部分人更關心企業內部管理問題，因為它涉及生存；不太關心宏觀經濟問題，因為中小企業通常和宏觀經濟的聯繫沒有那麼緊密。但是這幾年中小企業越來越多地跟宏觀經濟聯繫在一起了，比如說匯率，過去幾乎不在乎匯率，但是現在匯率已經影響到中小企業的生存問題。所以現在更多的人開始向這個方向發展，開始關心宏觀經濟的一些東西。實際上，我們早就已經關注宏觀經濟了，我們認為它與行業、企業的發展有密切聯繫。因此在看問題的時候，我不僅僅從一個行業，而且更多地從中國政策和宏觀經濟的角度去考慮問題。

蘇小和：當你這麼言說的時候，你有沒有覺得自己有一些曲高和寡？

人物專訪：攪動中國財經風雲的這些人
任志強的邏輯力量

任志強：中國有個普遍現象，把家庭內部的文化層次平均一下，大部分還處於國中教育程度。一個電視節目能讓全家人都接受，大部分是因為它讓國中教育程度的人能夠接受。《百家講壇》在一個家庭裡可以得到共同的關注，但是一些對話和經濟類節目可能較少有人看，也看不懂。

這既是一個好事，也是一個很糟糕的事，它會限制人們向上走。所以，過去每個家庭擁有一台電視機或兩台，最後可能發展到家庭裡每人一台電視機，各看自己要看的節目。目前，在家庭共同觀看的節目中，中學文化為主的東西最受歡迎，或收視率是最高的。這是很奇怪的一個現象，可是它成為了一種現實。而我們的媒體更多提供的也恰恰是這樣的東西，仔細想想你會發現，說這些話的人，大概所有人都能聽懂。

所以，如果我們的言說更直接，或者更深一些，可能很多人接受不了，於是媒體就把它演變成了大家能懂的文化，比如說「給富人蓋房子」「窮人要由政府解決」。其實媒體完全忽略了群眾應該去聽哪種。本來這兩個東西的邏輯是對稱的，當它變成國中教育程度的時候就是單向的了。所以對於「給富人蓋房子」這種表述，受眾當然就會產生心理反應。相對來說，當要反映真實東西的時候，這兩個對稱邏輯就不被考慮了，給忽略掉了，這時候對稱邏輯或者構成的責任關係都被抹煞了。

▌我的市場理論來自於實踐

蘇小和：你那麼多的市場經濟理論，尤其是對自由市場的理解來自於哪裡？

任志強：對市場的理解，一是因為我們有大量的實踐經驗。理論學家和經濟學家常常看不出來或者說不出來，就是因為他們沒有實踐基礎。在10年或15年以前，我們就跟經濟學家討論過這個問題。比如張維迎、樊綱、茅于軾等經濟學家，我們相當熟悉，他們就是專門研究企業管理的。我說如果你們每人拿著20萬塊錢，你們能把企業經營好嗎？他們認為不能，雖然他們可以指導你，或者有很多高深的見解。我們在十幾年前就有過這種爭論，如果沒有長期的實踐經驗，很多事情是無法用理論去解釋的。我們和經濟學

家相比差在哪兒？我們有大量的實踐經驗，可是沒有辦法把它提煉出來，提煉的過程要靠更系統的理論支撐。這些理論可以把它提煉出來，變成企業管理的精華，變成一個共性的東西。在北大光華管理學院，他們的案例課裡有很多華遠的案例，但是他們把案例提煉出來的東西實際上在實踐中是我沒有想到的，或者是我沒有想完全的東西。所以我們對市場理論的敏感主要來自於實踐。

蘇小和：不過我說實話，很多人在實踐中還是更多地關注既得利益，或者是極有可能被宏大敘事的主流聲音遮蔽。比如你之前提到「左傾」或者右傾，我想稍稍展開一下。我所瞭解的王紹光，你應該很熟悉，他就是一個主張政府驅動經濟的所謂的新「左」派。但是我們平時聽張維迎演講，他更多的是傾向於市場派。我不是說他們兩個對立，我想問你個人怎麼評價這個現象，怎麼確保在這樣的理論選擇中找到相對合理的事物。

任志強：還是要靠實踐經驗來判斷。事實上，我們的歷史一直就是靠政府驅動。計劃經濟就是完全政府。吳敬璉老師在總結我們過去30年經濟發展的時候，是這樣說的：早期主要還是史達林時期的計劃經濟，或者說是有計劃的商品模式；然後改成政府主導型的市場經濟，還有一個就是西方的自由經濟。我們現在實際上還是政府主導型的市場經濟，比如說資源的壟斷還在政府的手裡。如果沒有資源，想要施行完全的市場經濟是不可能的。這已經注定是政府主導型經濟，也就是說資源配置的大頭在政府手裡。

蘇小和：這麼說起來，現在有一些對自由經濟的呼籲，事實上是基於對政府干預太多的一種反駁，一種提醒？

任志強：一些人的確在強烈呼籲自由經濟，這是針對我們政府干預過多的情況提出來的。過去是計劃經濟基礎，現在要用完全市場經濟的辦法去拉著經濟往前走，要改革。如果現在承認了政府主導型的市場經濟，而且認為它是一個好的市場經濟制度的話，就不會有繼續改革的動力，就會滿足於現狀，就會讓人誤認為，從計劃經濟改到商品經濟，然後改到政府主導型市場經濟，改革就不需要再繼續往前走了，這是我們面臨的問題。所以這兩派之間主要的鬥爭是在這兒，一種想法是改革到政府主導型的市場經濟為止就夠

了；還有一種想法是認為改革還不夠，還要繼續進行。雖然現在政府力量很強，但是可以做到逐步削弱自己的力量，讓市場繼續往前走。

但是我們改革的過程受到世界經濟的影響，所以在世界經濟發生變化的時候，兩方又再繼續爭鬥。比如說，政府是不是還要回來救市的這些問題。如果是政府主導型，那救與不救都是政府的事。比如說對宏觀調控的一些看法，好像人們都認為經濟熱的時候叫宏觀調控，那經濟冷的時候就不叫宏觀調控了嗎？為什麼經濟冷的時候就變成了政府救市呢？實際上，熱和冷的宏觀調控同樣都是救市的一種方法，都是在政府主導型的市場經濟中去調控市場，這是一樣的東西。不能到某個時候說「已經市場化了，不能讓政府救市」，某個時候又說「融入市場化，需要政府救市」。這是矛盾的。我們從實踐的角度，或者從企業的角度來理解，我覺得這兩個形式是一樣的，和宏觀調控是一模一樣的東西，沒有任何差別。經濟過熱時政府救市，無非救的是過高了要往下走，那麼下一個救市就是由低處往上走。兩個是一樣的，逆勢而行的政策調整都叫救市。

蘇小和：在雷根之前，凱因斯主義時代，人們認為政府管理經濟那是理所應當的，好像是一種真理。奧地利學派、芝加哥學派過來以後，海耶克、傅利曼等經濟學家將自由競爭的市場經濟發揮到極致，在某種意義上，這是今天這個世界經濟形態的主要態勢。可是現在我們發現，美國也用 7000 億美金來救市，很多人理解這個問題時就出現了方法上的一些偏差。我想請教，你有沒有預期的展望？我們會不會在下一個時代重新調整我們的經濟學方法？

任志強：虛擬經濟學並不像實體經濟學那麼長期地相對穩定。因為虛擬經濟在不斷產生很多創新的衍生產品，而這些衍生產品是沒有歷史可以研究的。

比如說 1929 年大蕭條時，當時並沒有這麼多的衍生產品，而且如今衍生產品產生的槓桿倍數關係和當時完全不一樣，是完全的兩個概念。用一個很成熟的虛擬經濟理論來研究虛擬經濟，這是行不通的。不管是哪個經濟學家，他們的研究都是以實體經濟為基礎的，因為有很多數據和案例模型可以

參考，但是虛擬經濟沒有。包括槓桿、投信以及次債等已經發生的這些問題，歷史上曾經有過嗎？因為沒有大量的歷史數據來研究它們的發展過程，所以無法預料到出現這些問題的時候是什麼樣的，不知道未來的走向如何，再創新的經濟機構對此也是什麼都不知道。

有人說美國救市的 7000 億類似於中國的資產管理公司，等於它現在在向中國學這個東西，實際上以前在美國也有。應該說我們的資產管理公司是跟美國學的，但是年輕人並不知道這個事，以為美國是在學中國的資產管理。

▌我不是個好學生

蘇小和：可能我們學到的只是美國經濟管理的皮毛，沒學到真東西。趙曉曾寫過一篇文章，他說美國政府對市場的干預一直都有。我聽過你很多講座，我注意到一個現象，你每次講話，只要是有準備的，都有很清晰的數據資料，甚至是文獻。但是蒐集文獻和數據資料的能力，不是說人們想有就有的。我也注意到，我們今天所謂的博士、博士後，在蒐集文獻和數據方面的能力大都很差，所以我特別關心你的這種能力是從哪兒來的。我跟毛振華博士聊天的時候，他說：「我想做學問，但是我知道我最大的軟肋是什麼，就是我的文獻能力不夠。」他說他當時跟董輔礽老師學習的時候，總是更多地去張揚自己的觀點，很想拿出一個驚人的思想體系，可是後來發現自己的文獻、數據資料不夠，進而影響到了思想的支撐。大致情況下，中國高等教育出來的學者，可能都存在這方面的不足。

任志強：我們的數據資料要靠自己去努力獲得。一個來源是我自己的研究機構。我們在 2003 年的時候就發現中國頒布的一些調控政策不太對頭，但不太對頭的原因在哪兒？我們並不知道，只是感覺這種調控是錯的。所以我們就聯合了幾個企業，每年動用一百萬去做了一個專門的研究機構，專門來研究房地產的數據資料。到現在為止，我們已經做了很多年，積累下來的歷史數據就很多。我們大概先後對三十多個省、各個學校、國外的一些圖書館，甚至統計局的歷史數據資料和前端的數據資料做了大量記錄。從房地產

人物專訪：攪動中國財經風雲的這些人
任志強的邏輯力量

行業來說，我敢說到目前為止，中國最有系統的數據研究機構是我們的。這是一部分數據資料來源。

另一個來源是我們和很多數據資料單位進行了合作，比如說一些研究所、宏觀論壇等。這些單位跟我們有長期合約，有些是用資料和數據進行交換獲得。我們也從線上查很多報告，比如中國央行的報告。只要是關注這些數據資料，就總會有辦法去找到。

蘇小和：你是從「文化大革命」過來的，你也知道「文化大革命」是造反喊口號，中國人當時大多都是這樣子的，很輕易地去行動、去表達、去造反、去破壞。很少有人謹慎地思考，謹慎地說出。我關心的是，你後面的這種思考方法是從哪兒來的？

任志強：我們的想法恰恰是從「文化大革命」來的。「文化大革命」讓我們得到很多教訓，那時候很盲從。我們經過這些盲從以後，才發現不能盲從，我們開始倒過來說，我們必須有數據資料做支撐來進行研究。特別是學完法律以後，就會要求所有東西必須有根，法律最講究證據。我的證據是什麼？我的數據資料就變成法律上的證據，要研究問題、分析問題的時候必須從根本上抓。我們經歷「文化大革命」以後，就不會再按照「文化大革命」的思路了，我們後來會倒過來想問題。

蘇小和：這其實是一種對自己的否定和重構，是一個很清晰的反思過程，做到這一點非常不容易，很多人一輩子都在矇昧之中。你這個學習的過程大概是什麼樣子？

任志強：我學習的過程最主要是在我蹲監獄的那一年多時間裡。那時叫看守所，1985 年的時候。我後來被無罪釋放了。那個時候在看守所裡只能看法律的書，不提供其他的書，因為大家要辯護，要請律師，所以提供法學書。我那個時候基本上可以把《法學概論》從頭到尾背下來，因為一年多的時間就看兩本書，沒有其他的書。當然現在我可能已經忘得差不多了，但是根子上的東西存在腦子裡了。後來我就又在中國人民大學讀了個研究生。

蘇小和：你在中國人民大學學習花了多長時間？

任志強：實際上我學習的時間很多，但聽課的時間很少。我大概自己親自上課只上了兩堂課，論文是我寫的，學習和考試很多是別人替我去的。嚴格說起來，我是一個冒牌的學生，有很多人替我聽課，聽課後我把錄音帶拿回來。我沒有那麼多時間去上課。然後，我來聽錄音帶、看書、做作業，大部分是這樣一種情況。這有點像美國的教育，只看你的學分，不看你在不在課堂，你要能拿錄音學會了也可以，像電視教學一樣。

我認為在獲得這個學歷的過程裡，我雖然沒有去上幾堂課，甚至於連外語都是我們的工作人員替我去考的，但是對於法學裡該學的這些東西來說，我還是合格的。

蘇小和：加上你的實踐經驗，你可以融會貫通了。

任志強：有人說是假文憑，但實際上我真正學到了東西以後，我不在乎這個。現在叫做在職研究生吧？是沒有碩士學位的，我也不需要學位，我最主要是學東西就行了，我也不需要這個牌子。我本身已經有工程師職稱、中級職稱了，不需要說非要標榜自己是個博士生、研究生之類的，但是我學到東西就夠了。我不是一個好學生，開同學會的時候，大概只有四五個同學認識我，因為我去課堂的次數太少了。

我們的腦袋是國有的，肢體是私人的

蘇小和：我想問一個敏感的問題。華遠現在是一家標準的國有企業，但是市場經濟有幾個基石，其中一個基石就是企業一定要有清晰的現代企業制度，清晰的自然人產權制度。所以有人就說，任總在一個國有企業裡面談市場、談競爭，這聽起來或者看上去有一點點虛偽。你怎麼看這個問題？

任志強：你說得很對。他們可能不太瞭解我們這個國有企業，我們這個國有企業可能比較特殊。我們是在計劃經濟時代成立的，當時的區委書記專門要成立一個企業，叫做計劃外全民所有制企業。計劃外全民所有制企業的概念是想用民營的方式，但是當時沒有民營企業的制度允許，所以他就弄了個計劃外全民所有制。實際上就是既不給你吃，又不給你喝，完全用自己經

人物專訪：攪動中國財經風雲的這些人
任志強的邏輯力量

營的方式。我們當時有 20 萬元借款，這個借款不是財政借款，是區裡的聯社給的借款。所以說我們是 20 萬元借款起家，然後把這 20 萬元連本帶息全還上了，於是我們就沒有國家撥款。到 1992 年，我們要列編的時候，我突然發現我們沒有列編。為什麼 1992 年才發現？因為那時候買車要有處級編制，才能批准，然後就突然發現我們沒有列編。從 1983 年公司成立到 1992 年，快 10 年了，那時候才發現我們這個計劃外全民所有制企業是沒有列編的。到 1995 年、1996 年申報國有資產的時候，我們自認為我們是國有資產，因為一直掛的是全民所有制的牌子，但是申報不進去，北京市不承認我們是國有企業，為什麼？因為在資本來源上，沒有國家撥款。

但我們自認為我們是國有企業，一直掛著全民所有制牌子，怎麼能說不是國有資產呢？其實我們完全可以像仰融那時候提出來的，如果不是國有資產，就分了算了，但是我們沒有這樣做。為了解決這個問題，在 1997 年、1998 年，區裡為了確立我們國有企業的身分，用減稅的方式，免去了一部分稅作為資本金給我們補充進來。有了國家撥款，我們才變成了真正的國有企業。

就是說，我們實際上在成立了十幾年之後，才被承認是國有企業，才開始有了國家撥款。而這之前雖然掛著全民所有制的牌子，但實際上不是一個全民所有制的概念，沒有任何國有資產。你問我為什麼會出現這種情況，就是因為那個時候我們被叫做「野狗」。國有企業大部分叫做「家狗」，有渠道，包括供應渠道、分配渠道、資源渠道、執行渠道。而我們什麼都沒有，要自己找食吃，到處亂竄。沒有上源，沒有下源，所以你要去找市場、找資金，找各種辦法解決生存的問題。但是我們發展起來了。到 2003 年以後，國有資產管理局開始成立，然後開始回收，我們企業被納入了一個完全國有資產的管理體系。在這之前我們基本上是民營式的管理，所以我們基本上是市場化的。

現在我們的結構是，集團公司是百分之百的全民所有制，但是下面變成了股份制，或者是合營、私有化，已經把它全部改變了。「腦袋」以下的分公司，這些「手臂」「腿」的公司基本上全變了，所以它們仍然處於民有經

營為主的一種經營方式。從制度上來說，它們不是完全國有的，有的是國有控股，有的是非國有控股，所以它們完全採取一種自由市場的經營方式來經營。

蘇小和：很奇怪的一家公司，腦袋是國有的，但是肢體漸漸私人化了。

任志強：對，那麼我這個腦袋，現在實際上還有兩個完完全全的全民所有制，一個是我的集團公司，另外一個就是我的土地中心，這個土地中心只掛牌子。它是做什麼用的？是為了替政府承擔公共職能的責任。比如說我們是地鐵4號線股東，要到那投資，實際上是不賺錢的，是要賠錢的，不但要投入股本金，而且要給它擔保貸款等，做很多股東的工作，可是它沒有收益，兩塊錢的車票，連運營費都不夠。政府在決定兩塊錢的時候，根本就不考慮股東權益問題，因為你是全民所有制，代表政府去做。因此這個發展過程中，這個機構是要承擔政府的公共職能，代表政府去應付一些其他事情。比如說，貧困地區到區中心交流的幹部，哪個人回家也不能空手，要帶錢回去，我就負責給錢，名義上是捐贈。拿了一百萬元、二百萬元去當地解決什麼問題，基本上所有的貧困地區交流幹部都會遇到這種事。當然不只是我這一個企業，區裡幾個國有企業都要分擔，我們都要承擔這樣的責任。

蘇小和：你說你的腦袋是國有的，但是你的肢體是市場的。這種有意為之的姿態，是不是基於當前整個中國經濟制度的一種妥協？比如你腦袋是國有的，你就可以很好地去利用資源，很好地享受政策優惠，可以聽上去很美，然後用市場的辦法去賺錢。

任志強：我們應該說現在沒有什麼優惠，過去可能還有一些優惠。比如說鄧小平南方談話之前，中國規定房地產企業必須是全民所有，非全民的基本上不許進入。因為1991年之後才實行土地有償出讓，在這之前土地是無償的。所以當時中國規定土地全民所有，利潤是在中國與國有之間進行轉換，或者中國利益之間進行轉換。雖然是被企業利用，中國也要求你去承擔大量的基礎設施建設任務，是無償的，這是土地地價的一種交換。1991年實行了土地有償出讓制度以後，才允許其他企業進來。因為土地不是白拿的，是要花錢的，這時候開始發生的轉換。在這之前，實際上土地劃撥給國有企業的

人物專訪：攪動中國財經風雲的這些人
任志強的邏輯力量

時候是無償的，那時候可以占到很多便宜，但實際上後來就沒有了。我們在2001年跟華潤分手，分手之前可能那個企業裡頭保留了一些國有企業劃撥土地的優惠，但是分手以後那些完全給了華潤，我們的這個地產企業實際上已經沒有那些土地了。

除了土地以外，基本上其他資源的優惠就不存在了。在1990年代中期以前，國有企業在土地資源上是占了大便宜，這是不可否認的，但是就華遠來說，那一部分基本上都已經在市場上消耗掉了，或者歸了華潤，和我現在已經沒有關係，我們現在實際上更多的是在承擔社會責任。

組織比較正確的選擇，就是沒有開除我

蘇小和：這就有一個問題了，我們都是亞當‧斯密論述的所謂的理性經濟人，為什麼你這麼多年卻是反向而動？別人都是想方設法去爭股權私有化、產權自然人化，你剛才所描述的卻是想辦法使自己的華遠成為一個真正意義上的國有企業，這很有意思。

任志強：你說得很對。我為什麼要這樣做？其中有兩個原因，一個原因是因為我的父母就不讓我做個體戶。我們的老一輩可能都是從戰火裡走過來的人，他們就覺得一心一意做革命是一輩子的事情，作為下一代，我就必須遵照他們的意願去做這個事情。他們的想法就是，你在一個國有企業為中國的革命事業做貢獻是理所當然的一種選擇。

另外一個原因，就是我是在華遠被抓到監獄裡去的。出來以後有兩種選擇，要麼離開華遠，要麼繼續留在華遠。假如我在那個時候選擇去做個體戶，我一定比潘石屹、馮侖他們都要早得多。但是那時候我自己心裡想，如果要是開除我的黨籍，我可能就會做個體戶，反正我也不是共產黨員了。我們的組織比較正確的選擇，就是沒有開除我，我也不應該被開除，我是無罪釋放的。我記得很清楚，當時第一次開黨員會的時候，我們的區紀委書記很頑固地要求給我處分，不管怎麼樣都是被關起來了，實際上就是沒法下台了。當時我們的總經理是副書記，我們的支部書記之前是區政府辦公室的副主任，他在會上宣布的時候說反對的舉手，他先舉手反對，大部分人也反對，就沒

通過。但是後來區裡又堅持讓華遠給我一個警告處分。到現在我還背著一個黨內警告處分。

儘管這個處分依然存在，但我個人覺得，一個人跌倒了，要想證明自己，最好是從原地爬起來。我如果在別的地方做得很好，也沒法證明我在這兒沒犯錯誤。我當時想，要證明自己沒有犯錯誤，就一定要在原來出事這個單位把工作做好，就能徹底證明我確實是沒有問題的。我要是離開了，人家就懷疑你這兒沒查出來，可能在別的上面有問題，因為你不敢在這兒待著了。

所以是這兩個原因促成的。當然第一個原因占主導地位。我那時候並不是公司的總經理，但是後來我變成了公司的總經理、董事長，都有了。政府為了減輕它的錯誤，又沒辦法把我的黨內警告處分取消，就在其他方面給了我一些應有的榮譽，比如勞動模範、人大代表、政協委員等。這個你說沒用嗎？有用，它起碼證明我過去那個錯誤是被誣告的，或者說不是錯誤。雖然給了我處分，但是那並不證明我過去是做錯了。

蘇小和：你這種心態其實是宏大思維，還是源於你早期的教育。按理說你完全可以選擇民營企業家的路徑。

任志強：我們現在可以說是不需要為自己的生存去賺錢了，我現在已經可以讓我的下一代人都體面地活下去了。

蘇小和：可是企業得持續發展啊，沒有一個合理的企業產權制度，這樣的企業是沒有持續發展能力的。

任志強：我父母那一代人就是為了讓更多的人活得更好，所以到現在為止，我實際上是為更多的人活得更好而努力，而不僅僅是為自己活得更好而努力，當然不排除中間我也有收入，我也會活得衣食無憂，但是實際上現在的收入並不完全對稱。我曾經年薪 700 萬，2003 年國資委成立以後同意給我 20 萬年薪，這個是巨大的落差。如果我要換一個企業，換到私人的地產公司，年薪就是 500 萬，加上股票，可能有 2000 萬、3000 萬、5000 萬。但是那些已經不值得我去爭了，在這個崗位上繼續做下去，同樣也可能有分紅。

人物專訪：攪動中國財經風雲的這些人
任志強的邏輯力量

▌我們也做了一些私有化的工作

蘇小和：剛才你說你的公司的肢體已經私有化了，也就是說你的集團公司下面的子公司已經產權自然人化了，這是怎麼回事？

任志強：對，我不能說我沒有私有化，實際上我們也做了一些私有化的工作。比如西單購物中心，從一個百分之百的全民所有制企業到現在國有控股 50% 以下。比如我們的旅遊公司現在已經變成了百分之百的私有，地產公司中有 10% 左右的管理股。我們也在做這些改變。很早以前，我們就討論過怎麼私有化，我們也做了很多工作。我們進行地產公司二次創業的時候，實際上就建立了這樣的管理股權。那時候還沒有國資委，政府蓋了紅章同意我每年用一定的比例去回購，將國有股變成私有股。但國資委成立以後，發了一個通知，禁止這樣做，所以我們擴到了一定比例以後，就沒有再繼續擴大。也就是說，我沒有完成這個事，並不是我沒有去做，而是因為一些政治上和政策上的限定條件讓我沒有完成，所以我們不得不再進行股份制改造。這次我們是在 A 股上市了，過去我們是在境外市場。兩次上市都是因為我們希望讓國有股的控制盡可能減弱，讓它更加市場化。否則我所有的決策，都要上頭去批准，那就太麻煩了。

蘇小和：上市的確是改變國有公司運作模式的一種手段，不管怎麼樣，華遠地產現在是一個公眾的公司，要受市場的監督、公眾股東的監督。這在體制上是一種進步。

任志強：對，所以這個情況發生變化了。但是不管怎麼變化，如果政策限制你，不讓你用，而你又沒有辦法去弄，那麼就只能順勢而為，而不能逆勢而行。

蘇小和：你曾說你作為一個國有企業的企業家，一直是丫鬟，政府讓你做什麼你做什麼，你很疲憊。

任志強：對，我們說腦袋的部分是政府說做什麼就做什麼，下邊的部分是自己想做什麼就做什麼。我為什麼比較特殊呢？因為我在上邊、下邊都兼職，我既要管下邊，也要管上邊。今天你來的是地產公司，我實際上還是集

團的總裁,集團總裁腦袋的這塊完全是中國說了算。中國讓我投資地鐵,我不能不投資地鐵,明明知道是賠錢了,我也得去投。從經營上和運營報告上,無論如何也算得出來。所以,監事是政府派出的,董事是我們派出的,董事是掏錢的,監事是為了監督我的錢是否到位的。我必須去做,我不能不做。過去也有很多。區的法院是我建的,黨校是我建的,京科大是我建的,我都白給的。你說我不是丫鬟是什麼?

蘇小和:的確很有意思,典型的中國現象,讓企業承擔公共管理職能,完全忽略掉企業的盈利職能。

任志強:政府要,就讓它拿走吧,我這本來就是全民所有制,沒有想私有化,但是我們個人股權這部分要清楚。我並沒有把它擱在集團公司裡頭,我是擱在上市公司裡頭,我集團做這些東西,100%是你政府的,你全拿我也給你。從這個角度來說,我等於有了雙重身分,上頭這塊歸政府管,下頭這塊我必須有自主權,要順應市場。這兩者之間是不完全一樣的,你不能理解成我只在一個位置上。其實很多人誤解我,就是因為誤以為我只在一個位置上,甚至認為我現在還是個體戶,是奸商。

蘇小和:那是因為不瞭解,說話的人太輕率了。你的企業家身分的確比較特殊。

任志強:而且說我在賺錢,賺暴利。暴利跟我有什麼關係?賺的錢是歸中國的,和我沒有關係,我就是拿薪水。所以線上的很多人實際上完全不瞭解我。

蘇小和:怎麼看華遠持續發展的問題?比如說有一天你不做了,華遠接下來怎麼發展?

任志強:我們現在持續發展的問題最主要是把身子以下的手臂、腿都做扎實了,我們集團公司現在沒有直接業務,全是投資,就是投資分紅。股權比例我只有40%多,我不是最大決策者,可是這個私有的激勵機制可以讓他們做得很好。國有股跟著分紅就行了,私有股權占大多數,他們不會把這個企業做垮的,賠的時候他們也在賠。他們分錢的時候我就跟著分錢就行了,

人物專訪：攪動中國財經風雲的這些人
任志強的邏輯力量

所以國有企業在這種情況下是非常好的。比如我們的風投，大量的國外企業去投股權基金，它會做控股嗎？它不會，永遠不會。什麼意思？就是說我的本事不如你，讓更專業的人員去管理公司，你賠大頭的時候我才賠小頭，你要不賠我就跟著賺錢，就是這個意思。所以我認為國有企業這塊，每年的分紅除了投入公益事業以外，如果把剩下的部分都投到下面去，讓它有選擇地去做一些事情，自主經營，就必能賺錢，每年分紅就夠了。

當然我還有一些維持費用。比如說我還有一些房子，在集團名下，我還可以出租，收到一些租金。不靠分紅我也能活著，分紅的話我每年為國有資產增值保值，我就完成任務了。給我規定得很清楚，就是我不能賠錢，我只能增值保值。我不控股，投到下面可能更安全，有時候控股要自己做決定，決策錯了你還要承擔很多責任。不控股相對來說只要經營得好，你就能分錢。那麼我分回來的錢有的時候是不控股決定的，有的時候我可以決定剩下一部分錢怎麼投，而我決定怎麼投的時候就是我要賺錢的時候，決定怎麼花的時候是它說放在哪兒，我就不管，這個責任我也沒有，它決定錢全做公益事業我也沒辦法。

比如說修帝王廟我也掏一百萬，那是個政府的文物工程；又比如說給殘疾人協會和紅十字會、慈善協會等捐款，也很正常，我沒覺得有什麼問題。

▎我們一直在做開啟官智的工作

蘇小和：我看了很多你的言論，看完以後很有感觸，我覺得你的受眾不應該是線上開口罵人的網友，而應該是官員。中山大學的袁偉時教授說過一句我很喜歡的話，他覺得我們更多的應該是開官智，而不是開民智。你的很多言論有沒有一個初衷，就是讓更多的管理者聽到？

任志強：我們的目的就是這樣。我們很早就介入了這樣一些政策性的問題，此前我們就做了很多制度上的突破。比如說我們華威大廈當時有很多個第一：李鵬簽字，全國第一個交鑰匙的總承包工程，而且是境外的；1993年，國內要緊縮的時候，我們和華潤合資，突破了外資企業必須有合資年限、投資總額這兩項。我們第一是股份制的，股份制就沒有投資總額，因為我要不

斷地擴大資本，也沒有合資年限。股份制控股沒有辦法做合資年限，所以我們把與外資合作的限制突破了。

我們在境外上市的時候甚至引發中國頒布了一個紅籌股制約文件，這個文件是專門針對我們的，就怕類似的事情又出現。華潤進來的時候算外資，但是它又是財政部的國有資產。所以在境外上市的時候沒有經證監會批准。證監會認為國有資產出去上市應該經過批准，但是華潤集團認為1946年，新中國成立以前就在外面，進來的時候按外資算的，在香港上市是理所當然的，本來就是外資的一部分。所以在1990年代的時候，我們突破了很多法律上的障礙。

那個時候我們就發現，我們很多制度上的缺陷是要透過企業的實踐和努力去克服。要是沒有實踐和努力，是突破不了法律制度的。這個法律制度如果不碰，就永遠是那麼僵化。因為在改革過程中，最早是鄧小平說的，摸著石頭過河。我既然摸著石頭了，我就要過河，就要突破它。那個時候我們就很重視，要對現有的制度進行一些改造，這樣的話才有可能讓它更市場化。

我記得在第三次全國房協的大會上，那時候俞正聲剛任建設部部長時間不長，會上我們當時就提出對1998年23號文件的質疑。他當時非常反感，所有人都一片反對聲。他們到了香港的時候，甚至去跟華潤的老總說，這個任志強不行。但後來我出的第一本書是他幫我寫的序。很有意思，經過多次的撞擊和磨合以後，他們認為我的有些想法是對的。

蘇小和：還是先前提到的，你的很多觀點來自於實踐，這比辦公室思索出來的要鮮活。

任志強：是的，我們的確在慢慢進入政策的選擇和指引過程，比如18號文件的起草我們就參與了。很多很多文件，我們直接參與討論了，很多我們也進行了修改。從那次以後，慢慢地，建設部的很多文件或者是內部討論的一些東西，我們都積極參與。我們的研究報告，以及各種各樣的研究報告給了他們很多啟示，他們常常定期來找我們。

人物專訪：攪動中國財經風雲的這些人
任志強的邏輯力量

現在每一次建設部頒布相關文件的時候常常會問我們：「你們什麼意見？」然後我們就幫忙準備一些資料，中外都有。很典型的就是當時央行的報告裡面說要取消預售制度，一個禮拜之內建設部就提出了反對意見，那是基於我們提供的大量資料提出的。我們給出了幾十個中國的一手資料、制度和我們的一些看法，準備了大量的法律文件，讓他們有充分的理由向中央、國務院報告。一個禮拜之後，發言人就說不取消了。

蘇小和：所以你給我的印象，應該是一個學者、一個智囊，而你的企業家身分在公眾跟前反而是個負面形象。因為每個人都有一個價值歸宿，人生總是在尋找最大價值，你希望自己這一輩子最大的價值是在企業這邊，還是在學者這邊？

任志強：我覺得我的定義還是在企業上，為什麼我們能提出這些學者提不出來的問題？是因為有一個平台。要是沒有這個平台，我是提不出來的。你不要以為我有多少本事，我的本事是源於我有這麼多資源。

我們有很多協會，比如中城聯盟等很多商會，它們有很多的企業跟我做的是一樣的，它們可以反映出很多很多共性問題，而不是我一個企業單獨遇到的問題。這樣我才有條件，有可能去做這樣的一些修改和評論，或者說是我們能提供一些資料和研究報告；否則我們是沒有基礎的，你要單獨說我脫離企業這個平台去做一個學者，我覺得沒有根了。

我不是經濟學家，他們有充分的理論，找一個樣本就能分析出來很多的東西；我是需要用一大堆實踐的東西，來抓出其中的一點、兩點。這兩個角度是不一樣的，一個是有系統的理論知識，用系統的理論知識、用無數個工具測量經濟的成分；我們是從每一個成分裡頭得出來結論，應該是這樣一個組合才是最好的，所以這兩者是一正一反的東西。

你要說完全讓我脫離實踐以後去做這種事情，我也不行。我和他們不一樣，他們腦子已經很滿了，而我還等著實踐去填充。

蘇小和：這剛好反映了一個現實，就是有可能我們的學者太書齋化了。

任志強：也不完全是。我們經常要就一些問題去請教學者們，像天則經濟研究所的會議他們會請我去參加。為什麼請我參加？因為我是從實踐的角度去提出問題，對他們有幫助。他們從理論方面提出問題，對我也有幫助，兩者互動。包括五十人論壇，這都有互動幫助。也有一些企業家做理事，出錢，讓經濟學家來做這個事，然後兩者互相參與，直接討論，提出不同意見，防止你犯錯誤，也防止我犯錯誤。

蘇小和：我看了你的書，純粹從學院的角度來看，給我的感覺還是太碎，太迎合市場，太迎合熱門話題。我跟你聊了這麼久，感覺你還是有可能，也有能力讓自己的學術體系化、學院化的。為什麼不這樣做？

任志強：因為我們是實踐者。我們肯定會注重和實踐相關的事情，我要提出的問題和我的現實沒有什麼聯繫的話，那就沒意義了。

我不是一個理論學家，我要承擔經濟責任，承擔經濟責任的前提就是說我必須讓現行的政策對我的經濟責任有一定的益處，所以我會更多地分析現實的東西，這些政策對我的企業的運行和經濟的發展有什麼影響。我更多是偏重這個東西，我不是把它擱在一個高深的理論角度，我要對政策提出批評，某個政策可能對市場不好，或者這個政策有利於市場發展。但是經濟學家可以不管這些。我們認為很多經濟學家是看數據資料、喝茶，他並不知道底下已經失業人員的一些困境。

蘇小和：經濟學家可能更多地來自於對歷史的考量，而你更多來自於對當下的關注。

任志強：經濟學家不知道每一個員工的薪水收入或者失業時候的處境。他們沒有辦法去解決這個問題，所以他說出話的時候可以負責任，也可以不負責任。他說：「我不是決策者，我只是建議。」如果讓決策者按照經濟學家的意見做決策，可能失誤，讓更多的人失業。我們可以看到《勞動法》，第一個傾向是公平第一，現在傾向於保護就業，看看那些細則，細則實際上已經和原法有一個轉變，從保證公平開始轉變為保障就業。

人物專訪：攪動中國財經風雲的這些人
任志強的邏輯力量

▌一定要瞭解我們自己的歷史

蘇小和：我曾經在《南方周末》寫過田溯寧，當時寫的時候沒有去跟他溝通，只是圍繞一些材料，做了一個評析。一年以後，他說：「小和，你的文章我有印象，你寫出了我自己一直想說但不方便說的話。」田先生在網通做了八年，最後基本上是以失敗退出。作為一個旁觀者，我真為田先生惋惜，因為田總很有才、很有激情，網通是他在中國的最大產品，可是他做這些事情出了問題。你怎麼看待這些現象？

任志強：我覺得他可能一開始爬得太高了。什麼意思呢？作為企業管理者，我們是從最底層一步一步上來的，沒有一個環節是空缺的，但是他並不是每一個環節都走過。可能一開始就因為他的層次、管理能力或學識，讓他處在一個比較高的位置。我們發現企業管理者中很多是這樣。比如牛根生，他的企業之所以能在短期內迅速地變成一個國內知名企業，是因為牛根生在每個環節都做過。這種幹部和完全知識型的幹部不一樣。比如說張樹新，她如果當時堅持下來，可能未必比新浪差。但是機不逢時，這些人可能都會遇到一些問題。類似這樣的我們可以舉出很多例子。從國外留學這一派裡頭，有很多是出於這種情況的。他想的很多東西是理想化的，確實應該是那樣的，但是實際上是做不到的，至少短期內做不到，中國的制度環境和美國的環境不同。

蘇小和：好像是缺少一種妥協的精神，缺少了一種媚俗、逢迎的品質。真不知道這樣的總結是正劇還是反劇。

任志強：可能有的時候需要在企業的實際過程中去妥協，比如我說我不是爺爺，我是丫鬟，在中國面前你就是個丫鬟，不能變成爺爺了。

蘇小和：請你給我們推薦你最喜歡的、對你影響最大的三本書。

任志強：周其仁的《收入是一連串事件》。現在來說，這幾年裡頭，他可能是對我影響比較大的經濟學家。政治或者法律方面，楊奎松的民國史解密系列我很喜歡，對重新認識臺灣、認識國民黨、認識共產黨有很大的幫助作用。

另外一本就是《權力與繁榮》，是 2005 年奧爾森、蘇長和在上海人民出版社出的那本。我覺得比較貼近我們現在的制度改革，特別強調計劃經濟、商品經濟和政府，這本書不是太厚，但是正好解釋出我們現實制度中的許多問題。就是如何看待你剛才討論的我們是不是市場經濟，還有政府救不救市的問題，應該什麼時候救，怎麼做，如何看這些問題。

我看的書太多了。我想強調的是，我們一定要瞭解我們自己的歷史，中國人一定要知道我們自己的歷史。看歷史的時候，應該從正反兩面去看，有人評論好，有人評論不好。要有一個思辨的過程。比如說范文瀾和郭沫若永遠是對立的。這些東西會讓讀者很矛盾，但是透過這些歷史，錯誤的東西現在開始有反對意見，給你一個提示，讓你去想，這個很重要。最主要是你要知道，有人這麼看，有人那麼看。這些東西看多了以後，才會明白不要輕信別人說的。

蘇小和：你這樣說我挺感動的，這提醒我們一定不要盲從。大多數人的認知錯誤會演變成大多數人的暴力，我們要警惕。

任志強：對，非常非常誤事，而且我們的主管往往從一個所謂的簡單民意來做決策，這更是可怕。

後記

2014 年，華遠地產實現營業收入 67.6 億元，同比成長 42.96%；淨利潤 6.6 億元，同比成長 1.09%。

退休之後的任志強，80% 的時間在做公益，但還在繼續評論樓市、預測房價。

人物專訪：攪動中國財經風雲的這些人
馮侖的魏晉風度

馮侖的魏晉風度

採訪人／蘇小和

馮侖，萬通集團主席、萬通投資控股股份有限公司董事長。他不按常理出牌，常常語出驚人。

馮侖 1959 年出生於陝西西安，西北大學經濟管理學院畢業，是「文化大革命」後第二屆正式大學生。

1991 年，馮侖創建萬通集團，並於 1993 年組建萬通地產，註冊資本 8 億元人民幣，是在北京最早成立的以民營資本為主體的大型股份制房地產企業，也是實收資本額最大的民營房地產公司。

萬通地產在 2001 年、2002 年連續兩年獲得「中國名企」稱號。截至 2003 年年底，萬通地產資本金和本年度營業收入均進入中國房地產企業前十。截至 2013 年年底，萬通地產總資產達 119.00 億元；淨資產為 37.31 億元。

人物專訪：攪動中國財經風雲的這些人

馮侖的魏晉風度

2011年，馮侖主動退位萬通地產董事長，保留萬通控股董事長職務。

在經商之餘，馮侖還寫專欄、出書，出版了《決勝未來的力量——東方名家》《企業主管常犯的十大錯誤》《野蠻生長》《偉大是熬出來的》等多部作品。

眾所周知，馮侖在地產圈子裡一直以思想家著稱，但我在相當長一段時間內，卻是有所不屑。事實上並不是我對馮先生有偏見，我甚至認為，由於中國國內企業界學院出身的企業家少之又少，給馮先生冠以思想家的名頭，或許能緩解一部分人的心理焦慮，但如果真正從學術思想的層面要求馮侖，我想他還是存在很大的距離。理由有三點：

其一，我固執地認為，最近幾代中國人中出不了思想家，無論是人文思想，還是企業思想，我們既沒有前瞻性的觀念體系，更沒有接受嚴謹的思想方法，我們都是被耽誤的幾代人，誰也逃脫不了這樣的命運。

其二，中國企業建設到目前為止，連制度都還沒有完全解決。過去的30年內，所謂的企業家們都是一方面在蠅營狗苟中尋找生存機會，另一方面在體味有錢人的簡單快樂。我這麼說，並不是譴責企業家群體。我曾經說過，中國的企業家是這個世界上最艱難的一群人，他們左顧右盼地發展，為中國的經濟建設提供了廉價的動力。但無論怎樣，我們必須承認，至少到目前為止，我們的企業發展還沒有形成可持續的範例，我們的企業家從整體意義上講，可能還只是政府管制的一個附庸。如此，我們可以肯定地認為，一個連基本獨立思考空間都還不具備的群體，是絕對出不了思想家的。

其三，我在馮侖這一代企業家身上看到的，更多的可能是一種江湖習氣。中國人的江湖習氣由來已久，它只是這個扭曲的社會結構裡潛行的某種規則，無論如何達不到思想的層面。包括馮侖在《野蠻生長》中講述他們的經歷，包括他在不同的場合下，三句話之後，必然要提到女人，而這本有意思的書，馮侖像模像樣地寫下自序，標題竟然是：清清白白的湯唯乾乾淨淨地脫。

不過我一直不能肯定馮侖的江湖氣質是否出自他的本意，可能僅僅是他不得已為之的姿態，也許其嬉笑怒罵之間，可能藏有更大的關懷，是一種有

意為之的「魏晉風度」。比如我讀他的書，總是能很容易理解，他一直強調的是這些年他和他這代人的清白，他還強調他在書裡說的都是真話。清白與否，也許需要歷史以後做出證明，但馮侖努力講真話的姿態，卻是躍然紙上。

把《野蠻生長》當成馮侖的思想史閱讀，顯然有點拔高。我寧願相信在這樣的書裡，大面積體現了馮先生的風度——魏晉風度。笑談之間，多少家國憂患，都在其中。這絕對是一本沒有裝腔作勢的書，是馮侖的個人口述史，是馮先生站在他一個人的世界裡，對中國企業近 30 年的發展，作出的一個小規模的見證。

馮先生甚至猜測到了人們對他的角色期待，在封底寫下了他的所謂自述：

「資本家的工作崗位，無產階級的社會理想，流氓無產階級的生活習氣，士大夫的精神享受；喜歡坐小車，看小姐，聽小曲；崇尚學先進，傍大款（跟隨有錢人），走正道。」

這有點像馮先生的自畫像。我和馮先生是有過接觸的，直接的，間接的，曾經還寫過案例「罵」過他。現在看來，當時我說的是「馮侖倒退」，洋洋灑灑差不多一萬多字，又是數據資料，又是模型，竟然不如他自己一邊開玩笑一邊寫下的這些略帶自我嘲諷的感性句子。

這所有的自我嘲諷中，我最欣賞馮先生自我界定的「傍大款」。記得 2005 年的時候，我認認真真地分析過他的「傍大款」行為。那是馮侖和天津泰達的合作項目開始之後，局外人都能看到，馮先生是拿不到土地了，只好曲線救國。但思想家名頭下的他，硬是折騰出「要在國有、民營和外資這幾種所有制形式之間製造一種混合所有制」的光輝形象。我大不以為然，並認為這是馮先生親自導演的一種新的公私合營，是一種體制倒退。

關於公私合營，熟悉歷史的人應該記憶猶新。1956 年，中國共產黨第一次推行公私合營制度，將私人的產權強行整合到中國所有制中，從而引發了計劃經濟形態的大躍進、三年「自然災害」、人民公社，最終致使國民經濟淪落到崩潰的邊緣。而在具體企業的層面，我們最深刻的記憶則是諸多有一定積累的私人企業徹底消失，大量低效率的國有企業湧現。比如著名的三聯

書店，就是在公私合營的潮流中被人為中斷，直到 1980 年代才重新開張。今天的三聯書店，其實已經沒有當年的風骨，人們之所以仍然對之略為推崇，更多的成分是在懷念當年。可見，公私合營制度不僅破壞了三聯書店的私人產權制度，更破壞了這家企業的文化傳承。

當然，有人陳列出馮侖導演的「新公私合營」與當年的不同之處，認為今天的公私合營是用市場交易的辦法，在股權結合、資源整合的高度來演繹的。就像馮侖，他是自覺自願透過增發新股讓國有企業泰達進來，這與當年政府的強權推行已無半點可比之處。面對這樣的觀點，我們必須站在一個更寬闊的角度來審視。迄今為止，發達國家私有化的效果是顯見的。政府從私有化的過程中獲得可觀的財政力量，並建立了適應全球化態勢的新式制度。它的發展態勢將改變整個經濟制度，並最終改變西方資本主義本身，從而形成「新興資本主義」的超穩定狀態，並以私有產權的力量促進全球企業的購併與重組。而在另一個層面，大量不同形態的國有企業演變成私人企業，這已經成為一種必然的發展態勢。著名的經濟學家諾茲提出「有效率的財產權」，也從效率的層面闡述了私人產權的重要性和必然性。

而另一個疑問是：諸如天津泰達這樣的國有企業，真如馮侖所言，有那麼美好的制度性力量，值得馮侖這樣的所謂思想家去學習、去參與、去膜拜嗎？

▋大歷史中看私人企業

蘇小和：關於當下的中國私人企業，我願意站在一個大歷史的視角來思考。陳志武教授喜歡把洋務運動時期的一些企業作為案例來分析，比較當時的私人企業和今天私人企業之間的環境異同、方法異同；而 1950 年代公私合營時代的私人企業遭遇的挫折，可能最能代表中國私人企業的某種命運。1978 年改革開放之後，私人企業有限度的復興再一次讓我們看到了企業應該具有的生態。這當然是三個有啟示意義的時代，我們的希望就在這樣的歷史軌跡中，徬徨也可能就在這樣的歷史軌跡中，面對這樣的歷史，我們究竟是信心十足還是左顧右盼，的確是一個問題。

馮侖：洋務運動時期，中國的民營企業主要來源於幾個部分：第一由官督商辦、官商合辦、官督民辦，這實際上依然還是官主導的市場經濟，它的主要資源來源於官，這些機構的發起、設立都源自官。後來，這一部分民營企業逐步演化成現代包括共產黨進城以後的一些國營企業的前身，比如漢陽兵工廠。到了民國時代，又多了一種，即由買辦轉化成創業者進行創業，這有點類似於今天的專業經理人。專業經理人都是最後出來創辦公司，所以相當多的人都由買辦轉化成民營企業家。最初替洋人打工，成為高級經理，賺到一點錢後自己創業，做一些與原東家差不多的生意，這是一種路徑。換句話說，這是由洋人孵化出來的中國本土民營企業。另外，就是由割據軍閥和地方政府扶植起來的民營企業。當時生產與戰爭相關產品的民營企業都得到軍閥的支持，如織布、煤油燈、豬鬃等，除此之外，便無其他。再往後，少量的草根性民營企業開始出現。整體來看，清末的民營企業大部分不屬於草根，它們都有官府的背景，生存條件比當下的民營企業還要好，所以不能與今天的民營企業相比較。

相較而言，生存條件比較惡劣的當屬抗戰前後的那一部分民營企業，那個時候由於戰爭，政府沒有建立起相應的法律體系。中國的民營企業或民族資本的黃金時代是1927年至1937年，這期間民營企業發展的數量非常多，草根的民營企業數量也開始增加，但隨後的抗戰攪亂了適合民營企業發展的大環境。1949年之後，這些民營企業被全部歸公。1956年後，民營企業消失殆盡、歸零。1978年民營企業又重新開始，直至今天。這是中國200年歷史以來，民營資本唯一能夠超過10年連續發展，這也就是為什麼人們異常珍惜這個時候的原因。從開始抓投機倒把直至現在，也就十幾二十年，在這期間中國現代的民營企業有很大的發展，而最重要的特徵在於中國的民營企業幾乎都是源自草根。1978年以後，國營企業不做或是政府不想做，做不了甚至做不好的事情都被推給了民營企業，這其中包括許多人——返城後無工作的知識青年，政府、國營企業富餘的勞動力，勞改勞教的兩勞人員，都被完全推向了社會。人們被迫去炸油餅、補鞋、開餐館，時至今日，很多由共產黨執政的中國和走計劃經濟道路的中國依然還在重複這樣的老路。幾年前，北韓允許小商小販的存在，其文件規定更年期以上的婦女可以擺攤。換句話

說，45歲以下的婦女不能出門做生意。這樣的故事跟我們當年有些相似。中國的民營企業起步於草根，發展到今天，仍然徘徊在整個經濟體系的下游和末端，在大量的行業中，民營企業自始至終都未進入中游和上游的部分，始終處於一個從屬的地位。因此，一方面，我們要承認，改革開放幾十年民營企業確實取得了巨大進步；另一方面，我們也應該看到，在整個改革開放的過程中，真正受益的是國有企業。在這麼幾十年裡，國有資產呈幾何倍數增長，所以應該說改革開放的結果，是使所有人受惠，使所有經濟成分都得到了發展，其中更重要的是使國有經濟得到了發展。

蘇小和：你的意思是認為這一次的私人企業發展會有某種持續性。也就是說，你對中國私人企業未來的成功係數保持樂觀？隨著物權意義的擴張，中國私人企業在未來30年或50年內會越來越好？

馮侖：我並沒有說它一定會成功。從中國歷史大的循環邏輯來看，沒有充足的資訊能夠表明現在的產權改革一定會取得成功，我只是抱有謹慎的樂觀。由於這種樂觀，我相信鑒於全球化發展的現狀，以及中國已經進入了一個巨大的、開放的社會系統，往回走的成本十分巨大的事實，整個社會的領導人會基於理性，在考慮到公眾的利益後，不會任意改變歷史的前進方向。幾百幾千年以前，這個對於歷史發展軌跡的堅信不容置疑，但現在這樣的信心很難找到，特別是近一百年，這種信心更加微弱。

蘇小和：那就以你個人的眼光做幾個案例分析，比如說柳傳志，他身處一個完全自由競爭的行業——PC產業，與媒體、金融等官家壟斷行業幾乎毫無關係，可是到今天為止，柳總個人的產權問題並沒有得到完全解決，你怎麼看待他們這一代企業家的命運？

馮侖：我覺得，從計劃體制，從過去僵化的社會體制逐步轉化到一個開放的、充分競爭的市場體制，所行走的路徑與直接走向成熟的市場體制是很不一樣的，在這方面，中國無疑取得了重大的成功，但中國的路徑也非常複雜，從複雜中尋找規律需要極大的耐心。另外，中國人本性溫和，再加上比較中庸的中國文化，因此在中國，所有的事都不能操之過急。俄羅斯人卻不同，他們做事的方法大概是東北人的兩倍，性格比東北人急躁一倍，他們直

接從產權，從上游礦場、金融包括媒體開始進行改革，而且社會改革與經濟改革同步前進。今天，整體上俄羅斯的經濟發展看好，社會也開始邁入正式軌道。中國自有中國的特性，但現在不管透過什麼路徑，最終我們的希望是建立一個充分競爭的市場經濟，以及一個開放、法治的社會體制。

蘇小和：如果從企業的角度，而不是從體制的角度來看，你認為整體意義上的中國企業家，是不是過於妥協、保守，過於利益化、工具化，缺少了探索和創新的勇氣？我的意思是說，是不是這幾代企業家，僅僅是一些賺錢的工具，他們應該不會給中國企業史提供企業發展的範例。

馮侖：我覺得中國企業家具備一切探索的精神，他們進行著所有的嘗試，也許正因為想擁有所有的嘗試機會，有時候他們不得不委屈地活著，這也是嘗試。這就相當於當一個人遇到歹徒的時候，他會反抗，但當十個人遇到歹徒時，卻無人反抗，這是為什麼呢？當一個人遇到歹徒時，為了自己的人身安全，他會進行嘗試，因為這個嘗試，他認為自己能夠活下來。但當十個人同時遇到歹徒時，人們就會認為如果自己經過嘗試存活下來，那麼其他的人就會失去存活的機會，即自己的存活是以剝奪他人的生存權利為代價時，他不知道另外九個人到最後並不會因為他的不嘗試而存活下來。

蘇小和：沒有一個人是孤島，所有人的命運都聯繫在一起。

馮侖：奧斯維辛集中營也是如此。二戰時期，納粹分子將人一批批送進毒氣室，在這個過程中，沒有發生任何集體暴動，未被選中的人都認為這次去的是別人，自己還活著就行。中國民營企業的集體意識就是如此，所以它們就要委屈地活著，或者說要艱難地奮鬥著，或者說帶著幻想和希望憧憬著，它們都是這樣慢慢地一路走來。為此，我覺得最重要的其實不是民營企業，而是能夠領導中國和社會的一批人，他們應該肩負起對中華民族的責任，應該思考一些大話題，而企業所需要探討的則是小話題，具體到某一件事情的小話題。

蘇小和：這就是我一直想和你對話的理由所在，也是我的心態。我希望將你置於黃仁宇的大歷史背景下，希望更多的人看懂你，如果人們僅僅將你

人物專訪：攪動中國財經風雲的這些人
馮侖的魏晉風度

視為生意人，那麼你的最終目的也不過是賺錢而已。我相信這也是你所希望的價值所在。

馮侖：你們這些學者應該做一些研究，並透過研究尋找出一些問題的最終答案。如改革開放以來，國有經濟呈什麼倍數增長？它們主要出現在哪些領域？民營企業與民營經濟增長了多少？它們主要出現在哪些行業？另外，從人口就業的分布來看，民營企業主要分布在哪些區域？國有經濟又分布在哪些區域？國有企業、國有經濟中的破產企業、損耗的機器設備最終由誰買單？當時銀行組建的近兩萬億資產的四大資產公司最後又是由誰買單？其中，外商以「買資產包」的形式分擔了一部分，但另外一部分又由誰來承擔呢？我告訴你，是大部分儲戶買單。不良資產的剝離、貶值，最後又由誰買單？國企改革過程中，資本市場究竟拿了多少錢來改革國企？這又由誰買單？最後這些企業發展不好，股權分置的時候，人們被迫再一次進行買單，那麼這些買單的對象又是誰？經過一段長時間的調整，銀行發展良好，並成功上市，這個過程中又有人為此買單，而這些人又究竟是誰呢？

正是這些買單行為，使我們在 30 年改革中，國有資產呈幾何倍數增加。在這個過程中誰買單，我們就應該感謝誰。從直覺上判斷，這些買單之人是我們所有的中國人民，他們用個人的錢為整個中國的發展買單。所以在改革開放過程中，國有經濟的發展應該感謝全體中國人民，我們不能將國有經濟的迅速發展完全歸功於中國政策。政策雖好，但政策只是決定了這個單由誰來買，最終依然需要人為這些政策的實施買單。而對這些最終買單的人我們也應該表示感謝，然後再感謝決定讓誰買單的人。因此，社會歷史的進步，其買單者永遠是我們本國的所有公民。

那麼民營企業究竟是怎樣發展起來的？現在，在社會轉型當中普遍存在兩種現象，其中一種現象被注意到了，這就是我們所謂的國有企業與民營企業之間的往來不太正常，即侵吞、轉移國有資產的問題。但另一種現象沒有被注意到或者是被忽略了，即在這個過程中，國有經濟侵占了民營企業，造成民營資產的流失。這一現象誰注意到了呢？民營資產、私人資產被侵占，出現大量流失，其數量又有誰研究過呢？這涉及所有經濟是否平等的問題，

在法治經濟時代，任何經濟都不能擁有特權。在對國有資產進行保值增值的過程中，人們人為地將它上升為政治和意識形態的高度，實際上這是一個不斷侵蝕民營財產的過程，這就變得非常複雜，需要專門的研究。

不僅僅是一個經濟學問題

蘇小和：國有財產對私營財產的一種擠壓，我注意到了，這其實是一個趨勢。

馮侖：這也需要研究，社會應該逐步開放市場，讓市場來處理力所能及的事情。最近幾年，從房地產行業來看，其在國有經濟中所占比例及其影響力的大幅提升究竟是好事還是壞事就需要研究。比如，在2009年之前的20年裡，在資本市場上，民營地產公司從整個資本市場拿走的錢，我的印象中，沒有超過300億；但後來，在大家普遍認為有市場壓力的情況下，國有經濟從中拿走了400億，這是一個比較。十年前有17家國企被確定為主營業務，其中包括房地產，現在這些企業大部分已經或正準備上市。如今在A股房地產市場當中，排名前十位中已經沒有民營房地產企業。相較於十年前民營企業70%的比例，整個的轉變究竟是意味著市場經濟的進步、中國改革的深化，還是意味著我們又要走一條新的道路？不得而知。

蘇小和：你的數據讓人深思。我注意到學者王紹光等人一直在倡導一條政府驅動型的發展道路，這類似於凱因斯的方式。從理論上看，這是與以市場為主導的發展道路相左的重商主義道路。

馮侖：我認識紹光，屬於新左派，現在有些口號我覺得也值得再研究與討論，如「集中力量辦大事」。這就涉及幾個方面，首先在於使用的頻率。頻率太高，總是在集中力量辦大事，市場的占有率就會下降。其次，我舉個例子加以說明。我曾參與紐約世貿大樓的重建。世貿大樓的倒塌也是一次巨大的災難，但它重建的效率、次序、所需法律，與我們四川重建是完全不一樣的。我建議進行一下研究，研究的課題就是兩種市場經濟體制下怎樣實現重建。我經常往返於紐約北京之間，發現「911」事件之後，我們很難看到美國中央政府的身影，也沒有工作組與所謂的報告團，這些他們都沒有，但

人物專訪：攪動中國財經風雲的這些人
馮侖的魏晉風度

他們很清楚自己該做什麼，而且工作效率極高。投資近300億美金，重建160萬平方公尺的建築，這需要多少年？他們給出的數字是12年，2013年全部交付使用。在12年裡，將之變成全世界投資密度最大的現代化地區，並保證交通順暢，人們能夠正常生活。這中間有很多事需要處理，但人們看不到其背後的複雜性。沒有政府，這個重建工作照常進行。

其實這個處理工作很簡單。首先，世貿大樓倒塌後面臨的第一個問題是救人，人如果救不出來，這就需要保險公司的介入。因為在美國幾乎每個人都買了保險，巨額的賠款或許會迫使保險公司破產，保險公司的破產同樣必須按破產程序申請。另外，社會擁有大量的NGO公益組織，它們會去關心受難的人們，會為他們提供力所能及的幫助。處理所謂的「911寡婦」問題，該給予物質賠償時就給予，因此每個「911寡婦」領取到400萬美金，政府在這個問題上的責任就此終結。之後「911寡婦」的酗酒、再嫁、心理等問題都會有相對應的NGO介入，政府似乎已經撤出。在這個災難之後，他們也有捐款，不同的公益基金提供不同的服務與幫助，有的認養孤兒，有的組織募捐，他們的義務似乎也僅僅如此。之後，大樓重建，建成之後，按照法律這座樓的產權屬於港務局，經營權則在一個猶太人手中。猶太人首先要求保險公司賠償，因為他在兩個月前買了一份恐怖主義保險，獲得的賠款被再次用來建樓，建樓期間，基礎合約並沒有改變，這就表示他必須照常支付地租，「911」之後，地租一分錢都不會減少。但他可以找保險公司索賠，向保險公司伸兩次手，聲稱「911」前後是兩次事件，這是他的權利，法院也只能依法再判一次，在這整個過程中，政府從不介入。如果事情發生在中國，政府一定會將之定調為發國難財，必須抓起來，嚴加治理。

在美國，政府管不著，拿到賠款後開始重建大樓，作為私人企業它只有在瞭解市場之後才會迅速行動，所以在此之前重建的速度異常遲緩。這時，政府開始著急，因為土地依然歸政府所有。為加快重建的進程，政府提出由自己來重建，經過討價還價，政府獲得一、二號樓的重建權利，擁有經營權的猶太人因此又獲得一大筆補償。在收回土地經營權的過程中，美國政府不能用行政權力對私人企業施壓，經營者更不會因為重建速度太慢而接受諸如雙規、查稅的處罰。為了籌措資金，政府可以發行「911」債券之類的自由

債券，這些政策都被市場化，世貿大樓也就在這樣的市場化中得以迅速重建。而在中國國內，蓋一棟同樣是160萬平方公尺的高樓，沒有十五二十年是做不到的。所以我們就應該研究，研究我們究竟應該相信市場還是相信政府。

蘇小和：從中可以看出，我們的思想還停留在凱因斯時代，所遵循的還是雷根之前的思路，甚至是15世紀法國重商主義時代的思路，而市場化的路徑，芝加哥學派、奧地利學派在20世紀初期前後就將這個問題解決了。

馮侖：這不僅僅是一個經濟學問題。

蘇小和：難道它還是一個權力學問題，抑或是政治學問題？

馮侖：社會中還有很多結構沒有發生變化，估計還需要一代人的努力。目前在處理事情上，大家仍然傾向於使用熟練的舊方法。辦好一屆奧運會，實際上是件大事，隨之的殘奧會也是大事，做好這些大事是當務之急，但如果人們天天因為這些大事疲於奔命，那麼固有的社會結構就會被打亂。換句話說，就好比國家任何一件事情都可以不透過人大的批准與預算，然後開始隨意支取費用。我們究竟是要樹立一個法制的、程序的、開放的、受約束的權力，還是要以某種公益、道德和國家公共利益的名義去破壞這套既有規則？舉個例子，「911」之後，世貿大樓開始重建，圖紙即將付諸實施時，一市民聲稱有一位親屬的屍骨仍然被埋在廢墟之下，希望政府再幫忙尋找，以讓他心安。面對市民的訴求，紐約市政府只好應允，為此也只好向開發商支付1200萬美金的延誤金。開發商要保證整個工程的進度，政府幫助市民尋找其親屬屍骨的行為勢必延誤工程進展，也就必然向開發商支付每天20萬美金的延誤金。政府花費巨額的賠償金來滿足一個市民心理上的權利主張，在世界的其他地方是很難想像的，這就是透明。我們在紐約做項目，董事會都實行線上即時直播，即使政府機構的董事會也必須進行線上即時直播，這就使所有政府或非政府的行為處於完全透明的狀態，這就有點類似於如今的上市公司，因此建立起一個有效的民主體制也應該成為我們政府的追求。事實上，高效的民主政府相當於一個上市公司，有治理結構，也有資訊披露，這就會避免許多問題的萌芽與發生。

人物專訪：攪動中國財經風雲的這些人

馮侖的魏晉風度

▎思考得越多，人就越痛苦

蘇小和：有時候會想起聞一多的「帶著鐐銬跳舞」這句話，這用來形容我們的民營企業家似乎很貼切。那麼，經過這麼多年，給你感觸最深的困難來自於哪個方面？還是體制方面的問題嗎？

馮侖：應該說是這樣的，你所掌控的企業其實就是你自己，思考得越多，人就越痛苦。人在確保最基本的生存之後，思考的問題就會接踵而至。現在一旦轉動腦子，你就會發現很多很多問題值得思考、應該思考，而一旦強制腦細胞停止思考，所有的問題也會剎那間消失得無影無蹤。現實中，中國擁有寬廣的自由空間，只要完全面向市場，民營企業照樣可以生存並且發展。事實上，最近幾年民營企業發展所遇到的困難比早些年要少很多，尤其在公眾的輿論方面，從道德價值判斷方面，人們已經從心理上接受了民營企業，也將之置於與國有企業平等的位置。最先認可民營企業的，其實並不是政府，而是消費者、客戶及普通的公眾，甚至有可能是大家認為不好的那些人。

蘇小和：中國企業與美國企業之間的對比，或者是兩種不同體制之間的差異有沒有使你產生過絕望？

馮侖：沒有。就像天上還有一點亮光，就會有一點希望。最近幾個月，我身邊很多人開始談論移民的事情，這在以前是非常罕見的。這是一個非常重要的信號，是社會釋放出來的一種訊息。但這並不表示人們對中國的經濟體制感到絕望，而應該說它讓人們覺得不安全，或者說是信心減退。但我們應該看到企業領導人信心減退就意味著投資的減少，也就意味著就業機會的減少與稅收的減少，以至於社會整體利益的減少。為什麼人們對中國的經濟體制突然覺得不安全了呢？最近我也在思考這個問題，但還沒有什麼結果。

蘇小和：那你現在有綠卡嗎？

馮侖：沒有，我還是用中國護照。但如果有人給我一些很好的建議，我也不會拒絕考慮這個事情，以前我從未考慮過這件事。

我有四套話語系統

蘇小和：我發現一個現象，那就是你的話語體系非常學院化，這是否與你早期的教育相關？

馮侖：因為是你把我帶進了學院話語體系，因為你是蘇小和，所以我只能用學院化的語言。

蘇小和：但在一些比較公開的場合，你給人的感覺是一個嬉皮，一種有意為之的魏晉風度。我想知道，你是不是有意地在用這種遊戲精神、嬉皮的精神、癲狂的姿態來消解你內心的憂傷，或者說絕望？

馮侖：這並不是有意識的，我覺得人是不能塑造的，人是環境的產物，也是生存狀況的一種自然選擇。

蘇小和：這意味著你有好幾套話語系統？具體有哪幾套？

馮侖：我有四套話語系統──學術的、官場的、商場的與江湖的。見到什麼樣的人講什麼樣的話，如果對方與你談學術，那就要用學術語言系統來應對；如果與你瞎聊喝酒，那就用江湖一點的語言來周旋；如果面對政府主管，那就採用政府的語言系統來對話；如果跟老外談生意，就應該用比較商業的語言來商談。人需要適應環境，人的語言系統越多、詞彙量越大，才能活得更自如。人的感覺非常複雜，往往事情被分割得越細，情感越複雜，對事情的把握也就越準確。

蘇小和：這種多項話語體系，會不會讓人有分裂之感，會不會讓人覺得自己太累？或者有一種虛假的印象？

馮侖：你這麼說不是沒有道理，我建議你回過頭去看，你會發現小時候老師、家長給我們灌輸的東西很多都是虛假的，它與真實情況相去甚遠。

蘇小和：但人是理性的產物，人有敬畏之心。

馮侖：是麼？我保持謹慎的觀點。作為高級動物，人具有動物的某些本能，但從某些方面看，人甚至有點禽獸不如，因此，人的理性和敬畏可能是個偽命題。這是我在非洲仔細觀察過不同時段不同狀態的動物之後得出的結論。讓我有這樣想法的原因有四點：首先，人會撒謊，釋放假資訊。在自然界，

人物專訪：攪動中國財經風雲的這些人
馮侖的魏晉風度

除開為保護自己釋放的一些假資訊，所有的動物都非常本真，沒有任何的虛假。但社會中，人與人之間的關係變得異常複雜，大到種族、國家，小到男人女人、父母、子女，全都在釋放假資訊。可笑的是人類一方面在釋放假資訊，另一方面卻又在培養一些研究、發現真理的學者。試想，如果沒有這些假資訊，這批所謂的學者所要做的事情僅僅是研究人與自然的關係，可也正是因為人所釋放的假資訊太多，人與人之間的關係才變得如此複雜，並成為學者們的一個長期研究課題。其次，人會強姦，動物不會強姦。在所有的哺乳類動物中，只有人類會做出這類違反他人意志的事情，其他哺乳類動物只有在經過同意的情況下，才會採取行動。再次，人不遵守規則。在動物界，我們會看到勝者擁有領地的主導權，擁有占有雌性的絕對權威。比如羚羊，經過決鬥，勝利者會與雌性羚羊交配，而那些敗下陣來的羚羊則會俯首稱臣，嚴格遵守著牠們「勝者為王、敗者為寇」的規則，不違規、不嫉妒。但人類做不到，他們經常不按規則辦事，願賭而不服輸。最後，人是唯一將本能上升為美德的動物。在哺乳類動物中，母親照顧幼兒，甚至因此喪失性命，都是本能，但這種本能一旦進入人類社會，就會被上升為一種美德。人類社會，母子反目成仇，為金錢吵得不可開交的子女與父母也是數不勝數，就此可以看出人類不如獅子和老虎，但人會將這些本能上升為美德，所以人類臉皮厚、恬不知恥甚至禽獸不如。對於人類來說，要恢復一種真誠，真善美才是最重要的，過去稱之為面對慘淡的人生。

蘇小和：你覺得要醫治這種不誠實，最好的途徑是什麼？

馮侖：沒有什麼途徑。

蘇小和：你有信仰嗎？

馮侖：我的信仰就是相信自己。我對這個世界充滿好奇，在看了世界上各種奇怪現象之後，發現我們從小到大所接受的教育、學習的理論、規則，實際上都不能讓我們應對這個世界，在這種情況下，我們所能依靠的，唯有自己。

後記

2014 年 10 月，經歷了高層主管「大換血」後，萬通地產易主，嘉華集團成為萬通地產間接控股股東，馮侖不再是萬通地產的實際控制人。不過，萬通控股仍是萬通地產控股股東，馮侖仍然持有萬通控股的股權，是萬通控股的董事長。

2014 年度，萬通地產歸屬於上市公司股東的淨利潤比 2013 年度減少了 50% 以上。2010 年以來，萬通地產的營收始終在 30 億～ 50 億元之間徘徊。這與同時期成立的萬科等地產企業的差距越來越大。有人說，萬通地產已基本被淘汰。

2015 年 3 月，馮侖投資扎根網。扎根網是購房體驗服務平台，成立於 2014 年 6 月。

人物專訪：攪動中國財經風雲的這些人
邢明：理想化和商業化之間

後記

邢明：理想化和商業化之間

採訪人／曾憲皓

邢明，天涯社群創始人，是中國第一代互聯網人。

天涯社群號稱「中國第一人文社群」，是很多資深網友的精神棲居地。目前，天涯社群每月涵蓋品質用戶超過 2 億，註冊用戶超過 7500 萬。那裡熱鬧、新潮、博雜，還有相對自由豁達的風氣。

不過如果從中國互聯網的歷史來看，天涯論壇已是「爺爺輩」「化石級」的產品。在互聯網合縱連橫、風雲無常的十幾年裡，天涯奇蹟般「固執」地堅守著自己的論壇模式。

1999 年，邢明和夥伴創辦了海南線上、海南旅遊網和天涯社群，在三個投資項目中，天涯社群的資源投放最少，當時只是一個普通的股民文字論壇，版面簡單，此後才漸進擴展。但邢明發現，天涯有著一種不可阻擋的成長力量：網友自發驅動內容生產，自主參與社群管理。

人物專訪：攪動中國財經風雲的這些人
邢明：理想化和商業化之間

2000 年後，互聯網泡沫破滅的寒流很快襲來，成千個網站一夜之間像流星劃過天際，最後不知所終。當時有資本想趁低價而入，將天涯收購併入入口網站，但邢明回絕了。

2004 年，天涯與西祠、網易一起入選「中國 BBS 社群 100 強」前三甲，綜合排名第一。對邢明來說，社群的價值是一個媒體價值。2005 年到 2010 年，在鼎盛時期，天涯堪稱「中國互聯網的通訊社」，在公共話題討論方面有著犀利的表現。媒體記者網路上找新聞題材，很多首選天涯。

2009 年起，微博來勢洶洶，線上掀起新一輪網路媒體的眼球之爭。曾經叱吒風雲的社群論壇在人們眼裡似乎已進入遲暮之年，是被玩膩了拋棄的過時傢伙。邢明卻沒有這種憂慮，他認為微博的優勢在於速度，論壇則勝在深度，兩者可以形成共生。目前天涯仍有大量高忠誠度的用戶，生產著精彩紛呈的原創內容，很多「神帖」和「內幕」第一來源仍舊是天涯。

「未來天涯用『慢』卻『精』的方式證明自己。」2012 年邢明面對媒體質疑時這樣說。但我們知道，天涯的資訊一點都不慢，只在傳播爆炸性和互動交流性上，和當紅的社交媒體不可同日而語，差了不只一個時代。

邢明用「老樹發新芽」來形容傳統論壇在未來網路媒體格局的發展。是怎麼樣的新芽，這得由時間來說明。但願新芽一旦萌發，會和「天涯氣質」一般，很猛很彪悍。

原本「第一志願」是想當記者的邢明，1991 年中山大學畢業後，在機緣巧合之下進入了海南省的資訊中心，在 1994 年接觸到互聯網，成為中國第一代做互聯網的人，在 1999 年正式創辦了天涯社群，並一直是網路社群模式的成功堅守者。

提到這個行業的肇始，邢明首先想到的是張樹新：「瀛海威在歷史上是有地位的。但那叫先烈，當時成本太高了，什麼都不成熟，商業模式也不清楚，上網的網友還很少，產業沒有形成規模。」

「但現在不一樣了。」邢明認為中國正在從互聯網大國變成互聯網強國，而且在手機互聯網時代，中國的很多研發和創新可能都領先於國際。

恰巧在我們採訪前兩天，天涯社群正式發布了一款叫「微論」的手機互聯網產品。於是我們的訪談就由這款被「老」天涯寄予新希望的產品展開了。

無微不成功

曾憲皓：先說說天涯推「微論」這個產品的策略考慮吧。

邢明：面對手機互聯網，你不能做落伍者。沒有手機互聯網的布局就沒有未來。我們這兩年面對微博、微信的競爭有很大壓力。用戶的精力是有限的，用微博、微信的時間多了，用天涯就會變少。雖然我們沒有像開心、人人那樣人氣一落千丈——它們有很多同質化的地方，人人完全模仿Facebook，開心也是；但中國的Facebook實際上是騰訊、微信、QQ。這方面你很難去競爭。

天涯有自己的特質，所以沒有受致命傷。但也有一些影響，比如說以前網友發布新聞，第一落點是在天涯；現在有什麼事情，第一時間上微博。微信出來之後，新浪微博的流量降了40%，這是他們準確的內部數據，對外只說掉了20%、30%。所以關鍵就是有沒有產品創新。

曾憲皓：「微論」這個應用程式，實際上名字還是叫「天涯社群」是吧？

邢明：我們的想法不是脫離天涯推出一個新產品。不斷有人建議單獨做一個微論，單獨做一個客戶端，把它和天涯社群分開。但這樣就沒有了傳承和數據，用戶遷移不過來。騰訊可以用一個微信顛覆自己的，但我們沒有這個本錢，我們就必須依託天涯社群這個基礎。

另外我們仍然看好網路社群這種模式。什麼叫社群，其實業內沒有定義，我們理解的虛擬社群應該更豐富。天涯社群有一個終極模式的平台，叫虛擬人生，所以我們一直叫天涯虛擬社群。

曾憲皓：你對微論這個產品的具體設計和期待是什麼？

邢明：最新版本叫做全球手機興趣社交平台，我們是這麼定義的。微信是一種熟人的社交，微博是一種仰望關係。另外有一種關係是平等的，大家彼此都是陌生人，有可能慢慢會出現網路名人。比如說天涯裡面的寧財神，

人物專訪：攪動中國財經風雲的這些人
邢明：理想化和商業化之間

他是從天涯走出來的著名網路寫手、網路編劇，但他以前在天涯裡就是一個普通人。在出現微博之前，70% 以上的網路名人、網路事件甚至網路詞彙都出自天涯，「神馬」「浮雲」，等等，現在都變成了互聯網的流行詞彙。天涯充分體現了一種平等的精神，誰都有機會。

天涯有這種歷史基因和數據積累，它天生就是根據不同的話題、不同的興趣來聚集人群。天涯人奉行一種分身 ID 文化，就跟你有不同的愛好一樣，一個人可以有十幾個分身 ID，用不同的分身 ID 做不同的事情，但這些都是你真實的體驗。

這種文化也許特別適合華人。你會發現在微信的很多圈、很多群，開始大家很活躍、很興奮，慢慢就開始沉默了。因為中國人是比較內斂的，有時候可能會用真名說虛話、穿著分身 ID 說真話；老外可能不一樣，老外可能是稍微要什麼一點，中國人要內斂一點。

另外，我們也發現微信這種交流模式除了朋友圈轉載、分享之外，就是聊天。它的群是聊天式的，非常碎片。可能過了一天，昨天他們在談什麼你都不知道了，你只知道當前在談什麼。但是 BBS 不一樣，BBS 是連續的，一年後還可以把它翻上來繼續討論。

我們有論證過，微信、微博、微論，會形成「三微天下」的格局。

曾憲皓：你現在是把微論當成在手機互聯網趨勢下，重新把用戶的黏度和入口抓住的手段？

邢明：對，我覺得一定要把手機互聯網這個入口給抓住。手機讓我們有機會真正變成一個社交平台，因為我們在 PC 端一直沒有完成這個轉型。無微不成功，我們希望是「三微天下」，按照我們的機理來看，我們是有機會的，就看團隊執行得怎麼樣了。

▍天涯強調媒體屬性未必是對的

曾憲皓：用戶對天涯的忠誠度高，最主要是因為公共議題討論的興趣而集合在一起？

邢明：是的，它的社交屬性做得不強。有一個分水嶺，2006年之前，圈子不太大時，天涯人是有社交的，大家從線上到線下，有網聚，接著就交往了。2006年之後，因為太多的網路詞彙、網路事件、網路名人出自天涯，很多人來了，出現了劣幣驅逐良幣的現象。人雜了之後，天涯的媒體屬性增強了，網友之間的社交反而淡了。圍觀的人越來越多，表達的人越來越少，所以後來天涯變成了「互聯網的通訊社」。

接著我們開始商業化，擴大發展，於是做了一個不太正確的舉動：因為那時候天涯的知名度非常高，最高進過全球的65名，流量漲得很厲害，結果我們的團隊不由自主就理解為天涯是媒體性的。那時候在廣州成立了一個互動媒體中心，現在總結，這可能是個不當的選擇，它強化了天涯的媒體屬性，這在以前是沒有人管的，是自發組織的，但那時有了所謂的做媒體的人去干預、去做頻道、去推薦誰是頭條。外在的力量干預了它原來的內生基因。

▌天涯在中國人言論歷史上是有歷史地位的

曾憲皓：中國商業互聯網對社群認識的過程和社群網站發展的脈絡，你能簡單地回顧一下嗎？

邢明：其實最早的社群並不是天涯，而是網易。四通利方只能叫做論壇，它討論體育、足球、金融，是純粹的BBS，後來一合併變成新浪網。新浪總編陳彤有一次見了我，說不想做BBS了，管理太麻煩，一天到晚用戶貼一些「又反動又違法」的內容，上面來監管你，公安來管你，宣傳部來管你。

但是天涯創始以來一直在做，而且堅持時間是最長的，當時還有西陸、西祠、搜狐的論壇，只有天涯把BBS這種形態給發展出來了。

曾憲皓：為什麼說網易是最早涉及的？

邢明：網易當年做了一個，不是BBS，叫網易虛擬社群。去年網易把自己的虛擬社群給關掉了[1]。網易當初好像還有一些遊戲化的想法，含有BBS那些功能，所以網易是最早做虛擬社群這個概念的。但是它把路給走窄了。

人物專訪：攪動中國財經風雲的這些人
邢明：理想化和商業化之間

天涯的前身是聊天室，從 BBS 開始往虛擬社群發展，所以說到四通利方還有點淵源。1998 年四通利方不知道是系統原因還是什麼原因，有一段時間故障停了，裡面的一批人都跑到天涯聊天室來了。那時候我還在政府的資訊中心，天涯的聊天室[2]流量太大了，我們的技術人員建議我關掉，因為占的頻寬很貴。同時我們還有一個 BBS，叫天涯雜談。當時從四通利方跑來天涯聊天室的這一批人，聽說我們要關掉聊天室，立刻都跑到 BBS 上說不能關，全冒出來，都是天才，因為最早一批網友的素質非常高，有新華社的、社科院的、北大的一些博士等，還包括寧財神這樣的人。他們讓我發現 BBS 是很強大的。那時候我們在想，BBS 的話應該有更豐富的形態，所以緊隨網易之後，在 1999 年建立了天涯虛擬社群。它叫網易虛擬社群，我們叫天涯虛擬社群，但是我們是從聊天室到 BBS，然後把 BBS 給發揚光大了，當年網易跟 BBS 應該沒有很深的關係。

BBS 為什麼在中國那麼熱門？天涯雜談或者說天涯的娛樂八卦可能是世界上最熱門的論壇，因為中國人沒有言論的管道，缺少言論的管道，反而這種論壇是它最好的表達模式。

曾憲皓：安全、私密又過癮？

邢明：而且是穿馬甲（分身 ID），還可以說真話，申訴無門也可以表達，有各種各樣的爆料。當年孫志剛等這些事件都是在天涯裡面放大。所以它也受到很多監管，類似新浪、搜狐、網易把這一塊慢慢給淡化掉了，但是我們一直堅持。所以天涯可能在中國人的網路言論甚至言論歷史上是有歷史地位的。

胡泳[3]曾經對我說，他說天涯是有歷史地位的，讓我感到心裡很安慰。當年歐巴馬到了海南，說一定要見一下天涯這個平台，在海南這麼偏遠的地方卻對中國言論、公民社會有這麼大的促進作用，他想看一看天涯。

曾憲皓：胡泳有沒有概括天涯的歷史地位？

邢明：沒有展開，他說至少是對中國人的言論空間而言。在那麼關鍵的時候拓展了中國的言論空間，而且讓網路言論能夠自由地表達，讓中國言論

環境發展成一種不可逆轉的既成事實，你說還有誰？就是天涯一直在扛著。當然後來還有很多的在往前走，比如部落格、微博。

曾憲皓：我現在覺得天涯還有一個新的歷史地位是可以去追求的。當微博為代表的社交媒體占據主導地位時，整個網路輿論是碎片的、非理性的；而天涯則是真正圍繞公共話題展開的，所以天涯應該還有一個作用——去促進理性的、可對話的、公共輿論空間的形成。我們在其他的平台上看到都是「吐口水」的，就像一個痰盂罐一樣，而且議題特別游移，一個個公共事件，這個走了，那個走了，就是這樣而已；但是天涯是深入的、連貫的，圍繞一個話題可以持續進行對話。

邢明：所以一直我們想找一個詞，後來一位市場專家建議天涯找一個動詞來表達天涯論壇。他們想了很多詞，後來我們覺得相對可靠但也不是最佳的，叫集智。集中智慧——集智的平台。

但是我們必須要去優化它的生態，否則它也變成一個網路暴民造謠或不可信的平台，最終會損害平台的公信力，會讓很多官員很怕我們，很多明星、商家也很怕我們，躲得遠遠的。

互聯網在中國媒體生態裡「很有意思」

曾憲皓：在 Web2.0 時代，部落格、豆瓣、開心這些社群興起的時候，你們有過危機感嗎？

邢明：BBS 這個產品完全是 UGC（用戶原創內容）的，你說它是 1.0 的，也不完全是，它也是 2.0，是用戶產生的內容，在中國是最早的用戶產生內容的平台。所以什麼叫 2.0，天涯可能是較早一個有 2.0 氣質的平台。

對於部落格，我們很早就作出了反應。而微博出現之後，也有人問我，為什麼你不做微博，因為天涯是最適合做微博的。其實那時並不是不能做，而是我們不敢做。因為天涯當時是輿論監管的重點，是風口浪尖。沒有微博之前，就是論壇最熱門，最受監管，最容易出敏感問題。如果再做個微博，不是找死嗎？但新浪抓住這個機會了，它在這方面處理得還比較好。

邢明：理想化和商業化之間

曾憲皓：對，因為「飯否」關了沒多久，新浪就開始推微博測試版，很快就很熱門。當時新浪微博還面臨能不能繼續的問題。

邢明：那時候中國的態度還比較模糊，有時候要嚴管，有時候又有點含糊。起初沒有新浪微博發牌照，隨時有可能被關掉。但是它們已經做大做強了。中國互聯網都是這樣子的，變成事實後也不好關掉了。

中國互聯網在中國的媒體生態裡「很有意思」。中國的媒體以前管得是最嚴的，你錯一個標題、一個圖片，可能總編要被換掉，要被問責、背政治責任的。但政府一開始不太懂互聯網，出現之後也不知道怎麼管，就放任自流，等互聯網媒體成既成事實了，你要把它關掉好像已經不可能了。所以開始有點怕，不知道怎麼管，後來就想辦法去管。中國管輿論還是很有一套的，現在知道怎麼去管互聯網了。

Google 本該是在中國最成功的外國互聯網公司

曾憲皓：談談你們跟 Google 曾經的合作。

刑明：那時候 Google[4] 正好進入中國，在 2007 年想跟百度競爭。做了天涯來吧和天涯問答，應對百度貼吧和百度知道的競爭。搜尋它不怕，Google 怕的是 UGC 的貼吧和問答，但是這兩個產品又面臨中國政府的監管，用戶產生的內容一定面臨著內容管理的問題。Google 是美國的方法，不能夠按照中國政府的要求去管內容、去刪，而我們天涯是最有經驗的做內容管理的一個團隊，所以他們提供了技術支持，在天涯上做了天涯來吧和問答。

後來李開復撤了，他們只好撤了，因為（審查）跟美國的價值觀是違背的。

曾憲皓：你們在合作當中得到了什麼收益嗎？

刑明：對我們的產品能力有提升。互聯網公司沒有技術創新能力，它是沒有前途的，所以為什麼很多中國的傳統媒體，包括國外的傳統媒體做不好互聯網，因為它們的媒體思維太重了，而不是一個技術的和創新的思維。

Yahoo 在美國研發人員都要超過 50%，Google 和 Facebook 更不用說了，這是很多傳統媒體做不到的，它們的很多技術是外包的。

以前我們都沒有產品經理這個角色，跟它們合作之後，我們開始才考慮設產品經理這樣一些崗位。

假如再長一點的話，Google 應該是在中國最成功的外國互聯網公司。它們的營收規模已經慢慢起來了，很快進入盈利狀態了。假如說跟我們繼續往下走的話，它的身段比較柔軟的話，說不定可以跟我們共同產生一個非常好的社交產品。

曾憲皓：至少搜尋市場不會拱手相讓給百度？

刑明：不會。

網路口碑傳播、話題營銷等都做不大

曾憲皓：關於商業模式，大家始終覺得 BBS 或者虛擬社群，好像除了廣告以外，盈利模式比較單一。這個問題你們這麼多年來是怎麼思考的？

刑明：這個理解一方面是對的，目前 BBS 型的網站商業的狀態都不是很好。另一方面，這個理解也是想得不透的。BBS 因為它的媒體屬性，讓大家認為它應該就是靠廣告，沒有什麼其他空間。早期因為天涯有流量、影響力，所以我們也是不由自主地靠廣告，但是靠展示類廣告做不過入口網站的。

後來就有了什麼網路口碑傳播，什麼 PR、話題營銷。這種話題是需要人策劃的，它的規模不能做得很大，你不可能幫很多人去策劃不同的話題吧。雖然天涯是最好的做口碑營銷的地方，「全民話題天涯製造」，它是一個蝴蝶風暴的源頭，很多時候一個貼文可能就變成全國事件了。但是做這種東西也做不大，它不是標準化產品，不能成就像 Google、百度那種靠一個標準化的 Adwords 做到上百億美元。

所以我們在這個過程中一直也在思考，有沒有更強大的商業模式。我們也受到了 Google 的一些啟發。Google 是你查詢相關的資訊，對應相關的廣

告，關聯有用的資訊，我們就針對不同的人群有不同的廣告，讓商家可以自主發表，我們把它總結成會員制廣告。

但在過去兩年裡面，我們發現我們的思路可能是錯的，會員制廣告可能是不成立的，其實應該是電商。商家進來不只是要做廣告，它要賣東西的。

去年我們發現，必須要往電商走，而且要變成一個大的電商平台，社群型的，我們會從旅遊專注地切入，讓企業標準化地進來。幾百萬的商家在平台上每天給阿里巴巴貢獻錢，交易可以收流水費用，又可以做網路金融，天涯為什麼不去走這麼一個平台？

所以我們的目標是做旅遊界的阿里巴巴，我們現在已經做了一年多的布局了，希望百萬旅遊商家進天涯。電商是我們三五年的一個計劃，往 1000 億元的交易額去做。

未來 A 股給互聯網的估值可能比美國高

曾憲皓：是因為要推這個社群的旅遊電商，所以需要重新再融錢，才去找交通銀行 10 億元的授信？

邢明：回購 Google 股份之後，我們變回了中國國內結構，發現中國的資本市場完全對互聯網不理解，它的融資環境完全比不上。我們同期的像豆瓣、大眾點評，拿了 5000 萬、上億美金的融資，而我們在人民幣基金裡面去融資，一談就談市盈率，談起什麼時候上市。

所以我們後來發現人民幣基金沒法看，要考慮到銀行的融資。不過現在我發現，未來 A 股給互聯網的估值可能比美國高。

曾憲皓：你這麼樂觀嗎？

邢明：是的，你看人民網、樂視的，實際上證明了這一點。A 股缺少真正主流的互聯網公司。

曾憲皓：有互聯網評論說，走 A 股會顯得你們公司太本土化了，太中國概念了。

邢明：我最近接觸了一些基金，大的那些公募基金，像華夏，極其看好互聯網，原來都很質疑，原來A股是不理解互聯網的。但是在過去這一兩年，電商對它們有了教育，包括網路遊戲、手機遊戲。像樂視，現在300億元了，當初100億元都覺得高了，人民線上來之後表現也非常好。A股市場現在一致看好互聯網，是缺少投資標的，加上互聯網金融又被看好，所以互聯網公司在A股的情景是非常好的。在美國，你畢竟是一個「二等公民」，別人首先還是看Facebook、Twitter。

布局互聯網未來需要一些哲學的思考

曾憲皓：天涯現在整體的員工規模和這幾個地方的布局大概是怎麼樣的？

邢明：目前我們也就是700人左右吧，包括下屬公司應該是800人左右，我們併購了一些旅遊的公司、旅遊類的公司，目前還是海南為主體。

曾憲皓：說到海南，很多人都奇怪中國互聯網原來版圖上就是北京、上海、廣州，結果因為你們天涯在那兒，海南還在互聯網版圖上占了一個位置。

邢明：對，還有點話語權。

曾憲皓：因為海南這個地方天高雲淡，太舒適了，所以有的時候你在海南，不會充分地感覺到互聯網的那種壓力？有人說跟這個地氣接得太舒適了？

邢明：所以我們發展慢也有這個原因。總部在海南，整個節奏慢一點，融資、商業化不行，包括人才我們缺少狼性人才——在北、上、廣或者是深圳，都是很有狼性的團隊——導致我們慢一點。

但有時候慢也不一定是壞事，讓我們想得深遠一點。天涯可能在互聯網領域是一個發展比較慢的公司，甚至有點老土，但是它的生命力很頑強。我們一直有一個想法——也許不一定對——我們還是想做一個完整的社群。

曾憲皓：所以你的網路家園的情結很重，包括虛擬人生的這個情結。

邢明：理想化和商業化之間

邢明：對，有點理想化，不夠商業化。不過天涯還是有前瞻性的，雖然它看上去有點老舊了，但在策略把握上，我們在想互聯網的未來。這可能跟我當年在中大也有關係，除了學中文之外，對哲學、對社會學還是很執著於一些學術研究的。我覺得未來互聯網，包括文化，或者是科技和人文的結合，這裡面是有大的東西的。這確實需要一些哲學的思考。

曾憲皓：其實你有點像互聯網的學者和互聯網的思想家？

邢明：是有點理想主義的色彩，一直想讓網路科技和人文有一個結合點。我相信天涯可能未來假如有競爭力的話，也是因為它的這種文化特性，這種用戶的歸屬感。這就是為什麼天涯歷經這麼多互聯網的模式競爭，始終還有它的生命力，它沒有被淘汰掉，它不像開心、人人一落千丈。

我們理解中國的底線，又拓展它的思維

曾憲皓：你概括天涯文化的核心關鍵詞是什麼？

邢明：「天涯」這個詞是天然地有文化內涵的。新浪、QQ、騰訊或者搜狐就沒有，不是一個有歸屬感的品牌，「天涯」就是天生的，「淪落天涯」「海內存知己」，天涯是那種奔波四方的感覺，它天生是要做這件事情的。

可能現在人需要有一種故鄉的感覺，太漂泊了，特別是在碎片化的、科技的這樣一個時代，人需要找故鄉，找到一種心靈歸屬的地方。但要總結的話，它到底是一個什麼東西還要思索一下。

曾憲皓：我想問一下，天涯的媒體屬性一度那麼強，一定會涉及中國輿論監管。你在這方面和政府如何保持監管互動的？太靠近了會自我審查，太遠離就會有風險，你是不是糾結過這種問題？

邢明：我們是跟中央政府、地方的宣傳部門溝通時間最長的一家網路公司，一直很堅持。而且我本身也是學文的，在政府也做過。

曾憲皓：你比較瞭解那套生存邏輯和行事邏輯？

邢明：對，知道它的態度，知道哪些東西是不能開玩笑的，所以肯定也要聽話，不能跟它對著競爭。

曾憲皓：但是太聽話是不是又顯得保守、空間有限了？

邢明：對，從始至終，我們一方面是聽話，另一方面保持自主性。我們公司有一個基本價值觀，叫「堅守良知」。

「堅守良知」這一點我們其實也是順應了互聯網的一個特性。相當於打開了一扇窗，我們一直順著這個窗越做越大，讓網路言論變成既成事實。現在中國往回收已經不可能了，就像大家說的那樣——不可能把互聯網關掉，只要不關閉互聯網，就應該順應互聯網的特性。我們沿著這種思路的脈絡，不斷地把它打開。一方面保持溝通，我可以聽你（中國）的話，同時幫你做一些事情；當你需要輿論引導時，我也可以幫你做輿論引導；你需要收集輿情，那我來幫你收集輿情。於是我們的言論空間越來越大。

網路生態必須有張力又有良知，我們相信天涯一直有這種柔韌性跟政府保持溝通。

還有一點，中國需要互聯網這個平台。比如說在香港，傳統媒體基本上沒有什麼競爭力，但是互聯網有。另外海外的話語權，海外軟實力的輸出，我們可以幫中國去做。海外的華人、海外的話語權都是需要我們去進軍的。

曾憲皓：對，中國要對外傳播、國際傳播，但沒有抓手，靠新華社做的傳統媒體收視率極低，互聯網社群恰恰就是最佳的對外傳播途徑。

邢明：所以我們一方面理解中國的底線、政策，另一方面會拓展它的思維。

互聯網是九死一生

曾憲皓：我們現在有一些標準的問題，每一個採訪者都會問一下。第一個關於互聯網現在的創業者。他們進行創業的話，你會給他們什麼建議嗎？尤其我們現在新的大學生想去投身互聯網創業。

邢明：我覺得對創業的難度要有心理準備，其實互聯網是九死一生的，失敗的機率很高，在這個寡頭時代你更難做大做強。

即使有機會做大做強，創業也是很辛苦的。所以對它的艱辛和困難要有充分的認知和準備。

曾憲皓：如果你不是帶著那個團隊一直走了十幾年，而是現在才在互聯網領域創業的話，有人給你錢，你會做什麼項目？

邢明：我要是做一個垂直的應用，然後去賺錢，會很舒服。但是天涯從思維慣性來說，互聯網這麼多年了，從第一代做互聯網到現在一直在第二陣營徘徊，我們的想法還是要做大平台，它才真的是做得最好的，雖然非常艱難，雖然很多人已經放棄了。

曾憲皓：就算你現在重新創業，你還是會選擇以平台為主？

邢明：這個真不一定了，這種生態下面再去選擇做平台太難了。

曾憲皓：也許做一個小而美的產品會更加立竿見影？

邢明：可能也只能這麼選擇吧。還有什麼大平台的機會嗎？現在確實很難，除非是極具天才顛覆的東西。不得不選擇的話，可能就做一個垂直的方向。

曾經的競爭對手都沒落了，不覺得孤獨嗎？

曾憲皓：現在大家看所謂的社群模式，基本上就看天涯。

邢明：你說 BBS 還有誰。現在西祠說想賣給天涯了，藝龍的 CEO 崔廣福找我，說賣給你們最合適了，他都不想做了。

曾憲皓：對，最近還把「記者的家」給關掉了，好像是有關部門的要求吧？

邢明：當年是很多記者的精神家園，那就是記者之家。西祠當年最著名的就是「記者的家」，它現在變成江蘇地方為了賺錢的一個公司。它沒有這種柔韌性去跟著政府。因為「記者的家」，後來我們做了傳媒江湖，也受到很多管束，但是我們一直不斷調整自己，因為我要保持住。「記者的家」關

掉太可惜了。網易也不做虛擬社群了，然後西陸……以前叫「北貓撲，南天涯」，貓撲是年輕的、娛樂化的，而天涯是比較人文的，但現在也聽不見貓撲的聲音了。

曾憲皓：你不覺得孤獨嗎？曾經的競爭對手都沒落了。

邢明：談不上，我們實際上是在不斷地創新，是以BBS這個形態不斷超越自己，去創新一個網路社群的平台，所以一直不認為自己只是一個BBS。雖然別人認為我們就是一個BBS、一個論壇。

曾憲皓：未來你最大的心願是什麼，是把天涯做上市、賺錢、成為一家賺錢的公司，還是什麼？

邢明：能夠以天涯這個品牌在全球華人中形成一個非常有凝聚力的大平台，夠長期地存在，不是那麼多負能量，同時自己在商業上又很健康，還能夠有良知。

曾憲皓：要實現你剛才講的目標，最大的挑戰或者是困難會是什麼？

邢明：我們還是需要一些資源，這個資源不只是資金、人才。這麼一個虛擬社會的平台你要從底層開始構建。

一方面我們很理想化，另一方面要趕快找到強大的商業模式。騰訊為什麼可以做這麼多的事情？就是遊戲太賺錢了。我們要盡快在商業上找到突破口，這方面導致了我們被低估。

理想可以分步做，但是商業上要趕快突破，同時又不影響大平台的構建。

後記

2013年度天涯社群主營業務收入為1.07億元，虧損3161萬元；2014年度，主營業務收入為1.04億元，虧損4465萬元。外界說，天涯老了，但邢明稱，這是轉型的代價，「現在不是困難時期，相反應該是天涯充滿希望的時期」。轉型後，天涯的主要業務布局在互聯網金融和社群電商上。

2015年，經歷兩次上市失敗後，天涯社群正在尋求新三板上市。

人物專訪：攪動中國財經風雲的這些人
邢明：理想化和商業化之間

註釋

[1] 域名註冊日期為 1997 年 9 月 15 日的網易社群，於 2012 年 12 月 18 日停止服務。在公告中，網易社群管理員稱：「網易社群老了，是時候和大家說再見了！」

[2] 邢明：「我們創業最早的想法是要做整個海南省的入口網站，叫做海南線上，也一直是這麼運轉的，那時天涯社群只是其中一塊，可以把它理解為裡面域名獨立的一個頻道。」

[3] 胡泳，博士，北京大學新聞與傳播學院副教授，中國國內最早從事互聯網和新媒體研究的人士之一，譯有《數字化生存》，著有《眾聲喧嘩：網路時代的個人表達與公共討論》等互聯網時代的著名作品。

[4] 2000 年 9 月 12 日，Google 開發出主站的中文介面。

王小川：方向對了，就不怕路遠

採訪人／TechWeb 編輯部

王小川，搜狗公司 CEO，前搜狐高級副總裁、首席技術官。

　　搜狗是搜狐公司的旗下子公司，於 2004 年 8 月成立，主要經營搜狐公司的搜尋業務，目的是增強搜狐網的搜尋功能。搜狗在推出搜尋業務的同時，還推出了搜狗輸入法、免費電子信箱、企業郵箱等業務。2010 年搜狐與阿里巴巴宣布分拆搜狗，成立獨立公司，引入策略投資，注資後的搜狗致力於成為僅次於百度的中文搜尋工具。

　　王小川是搜狗公司首席執行官、搜狐首席技術官，全面負責搜狗公司的策略規劃和運營管理。還在清華大學就讀期間，王小川就加入了當時中國最大的校園交友網站 ChinaRen，並領銜開發了中國國內首家基於搜尋引擎技

術的開放式目錄推廣平台。在隨 ChinaRen 加入搜狐之後，王小川一直從事技術管理工作，他組建了搜狐研發中心，主持開發了搜尋引擎、輸入法、瀏覽器等一系列世界級的技術創新產品。2010 年 8 月，王小川出任搜狗首席執行官。

王小川有一張標誌性的娃娃臉，臉蛋看起來胖嘟嘟的，讓人感覺忠厚、實誠；他技術人員出身，愛讀書，知識底子也夠，像一個知識分子；如果遇到感興趣的話題，他的情緒會很容易被帶動起來，極善聊天。

他的經歷足夠簡單：1996 年獲得國際資訊奧林匹克競賽金牌並保送清華，1999 年進入校友錄網站 ChinaRen 實習，2000 年本科畢業，同年隨 ChinaRen 進入搜狐，2003 年碩士畢業後正式加入搜狐，2005 年出任搜狐副總裁，2010 年搜狗獨立運營後出任搜狗 CEO。

在外人看來，王小川處處與幸運相伴，在朋友眼中他的經歷卻步步驚心。

他的朋友，高禮天使基金副總裁簡江這樣評價他：「小川同學是我見過的最有韌性的人（沒有之一），受得了委屈，經得住折磨，抗得住壓力，忍得了寂寞，入得了盤絲洞，走得出八卦陣，還能百折不撓越戰越勇。」

「並不是艱苦卓絕、從零起步才叫創業。權衡利弊，我們每個人都應該選擇適合自己的活法。」王小川說。

▍創新？早了不行，晚了也不行

TechWeb 編輯部：你怎麼看待大家都在談的創新？搜狗在哪些地方進行了創新？

王小川：大家都在大談創新，我卻主張不能為了創新而創新，尤其是在一個核心環節創新之後，其他環節一定要儘量用被證明成功的方法，這時能不創新就不創新，這樣才能做成創新的東西，我稱之為「保守式創新」。

身處互聯網這個變化迅速的行業，其實既幸運又悲劇，一方面創新的機會多，另一方面犯錯誤的機會更多，因此更需要對創新保持足夠的冷靜。創

新往往意味著改變，而改變需要時機，太早了你會遇到很大的阻力，太晚了則已經時過境遷。

2006 年 6 月 5 日，搜狗輸入法正式發表，叫好不叫座，一年過去了，市場份額才 2%，非常慘。我自己也疑惑，明明是一個非常好的產品，搜狐也在很努力地使用各種資源在推，難道好產品反而沒用戶？這件事的意義對於我來說就像發現量子理論一樣，世界的模式突然跟你想的不一樣，顛覆了你之前的價值觀。整個 2007 年，這件事都嚴重困擾著我。

最終，我決定換一種思維方式。我開始組建渠道部門，不再選擇搜狐首頁，而是去下載站、裝機光碟，去各種能想到的渠道去做推廣。今天，到外面買流量，用各種方法推，大家會覺得很正常，但是在當時的搜狐體系裡，這麼做甚至可以說是「政治」錯誤。

但是當時已經沒了退路。本來輸入法在搜狐也不是核心業務，如果再不能折騰出點動靜，這塊業務的結局可想而知。搜狗在置之死地後反而放開了，在得到查理斯（搜狐董事會主席張朝陽的內部稱呼，下同）的特批之後，還是那點錢，我們用半年的時間證明了這條道路是 OK 的。我們後來總結，輸入法在一個比較遠的地方撕開了一個口子，給搜狐增加了「渠道」這個概念。一年之後，輸入法的市場份額從 2% 上升到 40%；到了 2009 年，這個數字變成了 70%。

過去的這些年裡，搜狗一直在做創新，也做了很多改變。但是，我一直都堅持一點：只在需要創新的時間和環節創新。什麼是合適的時間，就是早了不行，晚了也不成。

有一絲機會做成，就不放棄

TechWeb 編輯部：輸入法做成功後，是怎麼想到要做瀏覽器的？為什麼找馬雲來投資？

王小川：因為輸入法，讓我們有機會接觸到更多的用戶需求，我發現互聯網用戶不管要找什麼內容和服務，其實至少有超過 80% 的時間是在與瀏覽

人物專訪：攪動中國財經風雲的這些人
王小川：方向對了，就不怕路遠

器打交道。到了 2008 年，我真正意識到，未來瀏覽器將在互聯網競爭格局中占據至關重要的位置，所以瀏覽器必須要做。

但這個時候我還很難調動大量資源來做這件事。一方面，搜狐上下仍然在為沒抓住搜尋引擎的機會而懊惱，對於正在到來的瀏覽器機會並不上心；另一方面，做研發是一件需要耐得住寂寞的事情，當然，不被關注其實也並非全是壞事。我們幾乎是在「半地下」的狀態下啟動了對瀏覽器的開發。

2008 年 12 月，搜狗瀏覽器第一版正式發布，但它沒有得到重視。我意識到，必須取得查理斯的認同。2010 年初，Google 退出，搜狗的專注點重新回到搜尋引擎，但是這時候整個搜尋引擎的業務發展卻遇到了瓶頸，這是一個讓查理斯意識到瀏覽器對於搜尋引擎的重要性的機會。

▍這個時候，周鴻禕出現了。

周鴻禕很早就意識到了瀏覽器的重要意義，他從 2008 年就開始做瀏覽器。周鴻禕做的很多業務我都不關心，我就知道他的瀏覽器很厲害，從他的人到他的策略我都很清楚，他下一步要做什麼我基本也都知道。第一，瀏覽器和搜尋引擎結合，這個周鴻禕懂，我也懂；第二，搜狗需要拆分運作，如果依然放在搜狐的體系裡做一體化管理，效率會低，這個周鴻禕知道，我也知道。

周鴻禕找到張朝陽，想要他投資搜狗。360 的入口能力非常強，但它缺乏搜狗的技術能力和搜尋引擎這種變現工具，如果它擁有搜狗，把兩者的能力結合起來，再加上 360 安全軟體的定位以及獨特的「商業手段」，用周鴻禕的話說，就能夠「把百度的市場份額打掉一半」。如果搜狐自己不發展瀏覽器，360 瀏覽器也是一個好的選擇。

查理斯確實有些心動。當時談的條件是把瀏覽器給 360，360 再入資搜狗，成立兩家公司，瀏覽器跟搜尋引擎分開。那時候查理斯的心裡裝的還是搜尋引擎，但是如果沒了瀏覽器，搜狐就失去了對流量的控制能力，最終也

會喪失在合資公司中的話語權,我覺得這樣的合作對於搜狐不公平。此外,我對360獨特的「商業手段」也不是很認可。

我希望的結果是對搜狗進行體制上的調整,讓它更具活力。但是,這個階段想說服主管拆分公司是更加困難的一件事,除非你能找到一個比360更理想的投資者。

搜狐不缺錢,所以不會選擇財務投資者,只能選策略投資者。既然搜狗迎來了它的臨界點,就必須作出選擇,就像閨女大了,必須找個老公嫁了。所以我決定主動出擊,其實能選擇的也不多,巨頭就那麼幾個,騰訊、百度跟搜狐的競爭關係太強,阿里巴巴是一個選擇。

我去杭州見馬雲,跟他談了40分鐘。馬雲對投資搜狗這件事情很感興趣,因為他相信搜狗有機會做成,做成了與阿里巴巴的利益不衝突,而且符合他「讓百度睡不著覺」的目標。最終,馬雲專程到北京見了查理斯,他說服查理斯與阿里巴巴和雲鋒基金共同投資搜狗。

如果沒有查理斯的堅持,就根本沒有搜狗;如果沒有周鴻禕想要獲得搜狗技術的慾望,就沒有搜狗的分拆;如果沒有馬雲的果斷加入,就沒有新搜狗的降生。

有人問我獨立創業好,還是在公司內創業好,我覺得每件事情都具有兩面性:一方面,內部創業確實容易受到限制;另一方面,如果不是在搜狐,換一家公司可能連嘗試的機會都沒有。所以,我會評估事情的優劣,但從內心來說,我是一個求穩的人。

我們很容易陷入一個怪圈,看見別的公司總覺得它特別好,那是因為距離產生美,等你走近了,同樣會發現新的問題。所以我的基本觀點是:如果這事兒我覺得還有機會做成,就先不放棄,努力去突破它,除非真的是一點機會都沒有了。

我為什麼選擇留在搜狐?因為它能給我相對寬鬆的環境,讓我能夠去堅持,讓我不至於急功近利地追求短期的利益。這對我很重要。

人物專訪：攪動中國財經風雲的這些人

王小川：方向對了，就不怕路遠

▌搜狗是個新物種

TechWeb 編輯部：搜狗是從搜狐分拆出來的，那麼搜狗是不是會與生俱來地有一些搜狐的特點？

王小川：搜狗雖然從搜狐脫胎而成，繼承了搜狐的一些特點，卻是個全新的物種，這就好比一群小狐狸中養了隻小狗。本質上，搜狐是媒體公司，搜狗卻是技術產品公司，75% 以上的員工都是技術和產品人員，這個比例在中國互聯網公司中是最高的；搜狐在多條產品線上均採用跟隨策略，搜狗則必須透過創新才能爆發。

母體與個體的基因差別有多大？舉個簡單的例子：在輸入法的研發過程中，搜狗研發人員的座位上必須同時配備兩台聯網電腦，一台用於開發，另一台用於測試，而這些卻是當時搜狐的制度和流程所不允許的。

我一直說在中國國內做搜尋引擎跟著百度走是有原罪的，因為你走的是別人的路，沒有你自己的突破性創新，或者說你沒有帶來增值。所以從我內心來說，我不希望我做的是又一個搜尋引擎，我希望能做一件有所改變的、差異化的甚至是顛覆性的事情。

之前，我們輸入法做成功了，可惜的是輸入法沒有明確的商業模式，但是搜尋引擎和瀏覽器有，我希望我們能在某些方面爭取第一的位置，這個挑戰非常難。

從一開始，我對搜狗的期望就是不平庸。整個 2011 年，獨立運營的搜狗發展速度非常快，為什麼？我認為是多年的積累走到了一個爆發的當口。2004 年做搜尋引擎，我們這幫人就在一起，2006 年做輸入法，再到 2008 年做瀏覽器，加上 2010 年的體制調整，我們這個團隊經歷了一個完整的勢的積累過程。現在「精氣神」都足了，2011 年上半年搜狗的搜尋流量超過搜搜，下半年超過 Google 中國，這是搜狗現在的狀態。

搜狗太特立獨行了。在中國互聯網圈裡我沒見過第二家這樣的公司：既有搜尋引擎，又有輸入法和瀏覽器存在。我打個比方，就像「三級火箭」。

整個2011年，我也加班，也廢寢忘食，但我覺得整個人的狀態卻放鬆了，因為我可以獨立操盤了，我可以按照搜狗這個「新物種」自己的特點定策略、定組織和帶隊伍了。我知道搜狗已經走在了正確的軌道上了。策略明確了，戰術都是小問題。

其實2008年之後，我就預料到與360的衝突遲早會發生。360的下一個重點是瀏覽器，瀏覽器也是搜狗的重點，雙方如果不能夠合作的話，就肯定會競爭，我沒想到的是衝突會以搜狗瀏覽器「被漏洞」這麼有特色的方式出現。

就我的性格而言，我會採取守勢。我會儘量把自己的精力放在擅長的事情上。但對於挑釁你不能不正視，並且還不能讓它影響到你和你的同事們的信仰和理念。我相信2012年大家的碰撞會更激烈，既然到了這個節點，躲又躲不開，你就得逼著自己去補課，讓自己有足夠的心理準備去應對這種事，企業必須有武器，得自己強大。

說到補課，2011年，我逼著自己靜下心來認真思考企業的管理，比如如何讓搜狗更具活力和衝勁。之前，搜狗是參照搜狐的考核體系，進行指標的對比，對於大公司而言，這樣的管理很科學，但是我明顯感到對於一家高速成長的創新公司而言，再這樣管理就顯得太理性和死板，沒有把市場的變化和創新的東西整合在裡面一起看，甚至在某些時候會阻礙創新。

我非常希望搜狗是一家時刻保持飢餓感的創業公司。我希望透過對現有管理體系進行有效的調整以達到這個目的，但是我也很清楚，這個調整必須按照一個合理的節奏來做，七分理性、三分感性，當所有人都已經適應了一個狀態的時候，調整和改革都是不易的。就像我們每個人，每天做的事情好像都是自己想做的，但實際上總是被環境推著走，根本沒有機會去設計好每一步。就像爬山，山峰在那兒，你只要走好腳下的這幾步路就OK了，別總想著在中間哪個亭子歇一下。

道路很艱辛，但樂在其中；方向對了，就不怕路遠。

王小川：方向對了，就不怕路遠

▍後記

　　2013 年 9 月，搜狗與騰訊達成策略合作，騰訊向搜狗注資 4.48 億美元，並將旗下的騰訊搜搜業務和其他相關資產併入搜狗，而騰訊獲得搜狗完全攤薄後 36.5% 的股份。

　　2014 年，搜狗全年營業收入達 3.86 億美元，同比成長 79%，淨利潤達 3300 萬美元。同年，在華人經濟領袖盛典中，王小川獲得華人經濟領袖大獎。

俞永福：樂觀的保守主義者

採訪人／TechWeb 編輯部

俞永福，阿里 UC 手機事業群總裁，阿里集團旗下網路營銷平台「阿里媽媽」總裁，高德集團總裁。

UC 優視是全球領先的手機互聯網軟體技術及應用服務提供商。自 2004 年創立以來，UC 優視以技術為本，構建開放式、一站式手機互聯網用戶服務平台。公司始終以卓越的市場前瞻力和技術創新力推動著手機互聯網領域的發展進程，致力於幫助全世界一半以上的人透過手機享受開放、便捷的互聯網服務。

俞永福 2001 年初作為創業員工加入聯想投資，負責電信、新媒體、互聯網、手機互聯網等領域的投資工作，歷任投資經理、副總裁。2006 年年底，

人物專訪：攪動中國財經風雲的這些人

俞永福：樂觀的保守主義者

俞永福加入 UC 優視公司，任 UC 優視董事長兼首席執行官，負責公司的策略規劃及整體運營。作為優秀的團隊帶頭人，俞永福成功地領導了 UC 優視在業務模式、公司管理、團隊建設和資本運作層面的變革，使得公司在三年內取得了超過 100 倍的業務成長。在 2011 年年底，俞永福榮獲「2011 年度華人經濟領袖」稱號。2014 年 UC 優視併入阿里巴巴集團，俞永福任阿里 UC 手機事業群總裁，並兼任阿里集團旗下網路營銷平台「阿里媽媽」總裁職務。

俞永福曾站在美國林肯紀念堂前，望著大理石上刻著的「I have a dream」，拍下了這些文字，感慨：「有沒有勇氣，帶領企業不斷向前發展？」

那次去美國，他最大的感觸是中美互聯網發展上的差異正在加大。西海岸 wifi 普及度高，將是「wifi+Pad」終端和網絡結構，而亞洲是「Phone+運營商」網絡結構。從領先性來看，亞洲在手機業務上領先，美國則是部分業務的創新性很強。

在年輕一代的企業家裡，俞永福以做事穩重、老成、勤思考、善總結而著稱。美國之行讓他意識到：新的革命正在到來。未來 IT 產業將形成兩個中心，一是美國的創新中心，二是中國的市場中心，而歐洲廣義的 IT 產業正在被邊緣化。所以 Nokia 的第一個變革就是把總部搬到美國，從一家歐洲公司變成美國公司。歐洲的速度根本跟不上美國。

「歐洲想做一件事——回歸傳統，手工打造。但手工打造只能在小眾高端市場，勞斯萊斯是手工打造，但產量太小，歐洲的問題特別明顯，不在世界的兩極裡。」俞永福說。

你會在不經意間感慨：這些雄心勃勃的創業家們，他們真是趕上了一個好時代。

▌甩掉領先的包袱

TechWeb 編輯部：由聯想到 UC 優視再到加盟大阿里集團，你對這幾年的變化有什麼感受？

甩掉領先的包袱

俞永福：你預期要來臨的大潮，永遠會比你想像的來得更快！

2011 年，所有的互聯網公司都面臨一個重大挑戰：Android 和 iPhone 新平台。中國國內的 Android 用戶已超過 4000 萬，iPhone 用戶超過 2000 萬，要跟上這樣的變化絕非易事。

做企業的人都知道，新平台的跨越是有難度的。不是你不想的問題，公司的結構調整絕非易事，這時候，你的優勢可能成為你的包袱。如果沒有考慮到三年後產業環境的變化，而是當你看到時再投入，那就已經沒戲了。

歷史上，每次新技術的革命都會有大量的互聯網公司被淘汰。手機互聯網從窄頻到寬頻，只剩下 10%，我們是 10% 中的一個。有公司在 Java 和 Symbian 上很強大，但今天在 iOS 和 Android 上掉了隊，還是剩下 10%，很幸運的是，UC 還在。

做企業的人都知道，新平台的跨越是有難度的。在 Android 市場，UC 的市場占有率是 70%，在 iPhone 市場，我們的占有率超過 40%，這個結果讓我非常欣慰。

技術平台的跨越在不斷發生，幾年之後還會有新的平台，對於一家企業最大的考驗是：你有沒有能力應對這種變化？研發需要週期，做企業就像下棋，你能想到三步還是五步？很多公司被淘汰了，因為對下一步沒有思考，沒思考就沒有投入。

2011 年，我們正式發表了 U3 核心的新瀏覽器。這個項目是我們在 2008 年立項的，當時在內部屬於保密項目。現在看來，U3 對保證今天的發展太重要了，它對公司業務影響的深遠意義剛剛開始顯現。

我是一個樂觀的保守主義者。我相信活得時間長的企業都是想得遠、布局早的企業，在 UC 內部，這樣的保密項目組還有好幾個。但是同時，一家企業不可能無限制地鋪攤子。2011 年，除了保密項目 U3 核心組，我按住了好幾條產品線，將其他產品開發人員調集到 Android 平台瀏覽器開發上。從結果上來看，效果還是不錯的。

人物專訪：攪動中國財經風雲的這些人
俞永福：樂觀的保守主義者

成規模的公司不可能都等到 12 月 31 日再做計劃。作為一家公司的 CEO，我要想三年後的事，我要求我的同事們至少要想清楚明年的事。

Web 不死，成為手機互聯網的中心

TechWeb 編輯部：現在 APP 很熱門，Web 未來會死掉嗎？

俞永福：伴隨著 Android 和 iPhone 興起的還有 APP。有觀點說，Web 已死。我不同意這樣的觀點，我認為 APP 是很重要，並且前景光明，但不是所有的 APP 都是客戶端，為什麼不會是網頁的呢？

回顧歷史：PC 分為三個發展階段，一是瀏覽器為中心，二是客戶端大發展，三是回歸瀏覽器。PC 產業從客戶端到回歸瀏覽器，有三方面原因，這些原因在手機上同樣存在。

一是安全問題大規模爆發。裝一個 APP，就像在家裡牆上打一個眼，手機是錢包，有錢包的地方一定有小偷。用戶不敢在不認識的線上安裝軟體，只敢在大的網站上裝有名氣的軟體。

二是應用程式開發複雜度提高，需要標準化。今天 APP 還是很簡單，但一旦複雜起來，就需要第三方，如支付功能。一旦開發標準化，就需要 API 接口，開放 API 結果就是 HTML。標準化才能使產業資源利用最大化。

三是瀏覽器跑的能力提升，瀏覽器裡跑 Flash、跑影片，你說跑的是應用程式還是網頁？其實在瀏覽器裡跑的是應用程式。當年在 PC 上必須用客戶端看影片，是因為頁面不支持暫存，看影片會非常卡，隨著 HTML 技術的完備，local storage、頁面暫存的問題都解決後，大家看影片也就回歸瀏覽器了。未來 APP 依然會存在，只是會 Web 化，也就是 Web APP。

現在，手機互聯網正發展到第二個階段——APP 階段。產業發展到今天，不應該有 Web 已死的判斷，也不會有未來世界只有 APP 的判斷。我相信未來 Web 和 APP 都將高速發展，而且 Web 將成為中心。

別碰你不熟悉的東西

TechWeb 編輯部：會做手機嗎？

俞永福：Android 平台這麼熱門，很多公司與硬體廠商合作推出手機。有人說，互聯網公司做手機是要占領手機互聯網入口，擔心未來被手機廠商卡住。但我肯定不會做手機。

如果你是互聯網公司，會認為你的未來掌握在 PC 廠商手裡嗎？你會因為這個原因就去做 PC 嗎？用戶用你的硬體，不一定就用你的軟體，只有一種情況可能影響到你的未來──封閉系統。

但 Android 會越來越封閉嗎？封閉系統有它的優勢，但它只能是二八開中的二，不會是八。在這個產業，有人封閉就一定有人開放。Android 敢封閉嗎？如果它封閉，我相信一定會有人出來做另外的開放作業系統，開放必然打敗封閉，陣營會迅速發生轉換。

總有人希望在產業沒成之前，自己變成產業裡的一個標準；總有人怕變成產業鏈中搬箱子的人。但是，專業化分工是大趨勢，專業化才能規模化，規模化才能標準化。

硬體公司為什麼往往做不好軟體？一個公司 7 個董事會成員，其中 6 個硬體出身、1 個人做軟體，開會時有七分之六的時間說硬體，只有七分之一的時間說軟體，問題是，你說軟體的時候，那 6 個人沒什麼話說，提不了什麼建議，最後都說，你做我支持。Android 有很多 Bug，比 iPhone 耗電，但開放一定會贏封閉，開放代表專業分工，分工代表更低的成本。Android 的目標是手機上的 Windows，如果該贏的地方沒堅持，最後一定會輸。

TechWeb 編輯部：無線互聯網發展的瓶頸在哪兒？

俞永福：第一個瓶頸是電池，電池的容量和體積是成正比的，這是材料科學，突破是非常難的，賈伯斯投了很多電池公司，都沒有成功，如果手機用 6000mAh 的電池，就成手雷了。它是一個矛盾體。

第二個瓶頸是頻譜，無線永遠是有限的，我們最缺的是頻譜。運營商給的頻譜是固定的，一定區域內，上網的人太多，電話就別想打了。

比抄襲者更快

TechWeb 編輯部：有人說，中國的互聯網有一個弱肉強食的森林法則，沒有底線，沒有節操，你怎麼應對？

俞永福：在我們公司內部，有兩個詞：一是快，二是變化。

雖然 2011 年的業績是最好的，收入呈三位數增長，9 個月完成了全年目標，但作為創業者，我還是覺得整個公司的運作太慢。沒辦法，這個時代變化太快了，時不我待，特別是當騰訊這樣的公司把你當做對手的時候。

大學畢業的時候，我父親告訴我吃虧就是福，工作這麼多年我也一直謹記，我要求 UC 的同事都做好自己，在行業內樹立好的口碑。但是這並不是沒有底線的，UC 有上千的兄弟，我必須要為兄弟們和他們的家人負責。

「UQ 之爭」的最後一根稻草是騰訊向我的客戶群發郵件。它週四向合作夥伴群發郵件，週五合作夥伴把郵件轉給我，請我確認一個問題：關於市場份額。為什麼是這個時間點？因為很多跨國企業都在做第二年的規劃，它們在中國選擇合作夥伴的時候只有一個標準：第一名。

那天，我破天荒地穿了一件西裝。

為什麼？我看到現在的狀況是很多人在桌子下面的本事都極強，但回到桌子上都變成了啞巴。中國的商業文明要前進，不能總是窩裡鬥，我們應該做一些更有意義的事情，比如走出中國國門成就全球視野的公司。

在手機互聯網生態當中，無論是手機終端、運營商，還是軟體、應用程式內容等各個環節，中國都有機會成就世界級的大企業。越是競爭充分、市場化程度高的環節，越容易成就中國的世界級公司。

有一個現象很有意思，為什麼互聯網沒有出現世界級的公司？

早年做投資，我見過很多軟體公司、互聯網公司，它們都有一個夢想，把軟體裝到全世界。但是十年下來，互聯網形成了一個可悲的局面：中國企業的中國市場，美國企業的全球市場。中國企業沒有一家走出去。

有國外媒體評出了全球十大互聯網公司，其中有兩家中國公司，有意思的是，另外八家美國公司國內用戶比例都不超30%，70%是美國市場以外用戶；而中國的兩家公司，都是100%的中國國內用戶。

中國的人口紅利成就了我們的互聯網公司，但這並不值得驕傲。

中國IT企業，做全球市場時缺的不是實力，而是勇氣。我們總是自己嚇唬自己，中國互聯網公司一天天加強自己的潛意識：在中國國內，我行；在國外，很困難。你看美國互聯網公司有國內市場與國際市場之分嗎？互聯網本來就是互通的。

說出來很多人不信，UC Web從成立之初，我和我的兩個創業兄弟就相信，我們要做的是一個全球性的公司，在無線互聯網領域，一定不會再有「圍牆」。兩年前，當我們覺得我們已經「活下來」之後，我們就開始認真準備這件事。

走出國門之前，我們做了五項考察，第一，用戶是誰？第二，終端產品是什麼？第三，運營商是否控制終端？第四，用戶的使用習慣。第五，在那個市場有沒有成功的國外公司？對於每一項，整個團隊都做了仔細的研究與分析，並做了三個國際業務發展規劃：

第一，路線方面，先向東走，再向西走；先進駐發展中國家，再進駐發達國家。農村包圍城市，這是典型的華為路線。

第二，縱向國際化，而不是水平國際化。很多公司的國際化都是做語言、翻譯，實現產品本地化不明確。縱向國際化即挑重點市場，根據當地用戶需求，實現產品本地化，形成在本地市場的競爭力。UC首批挑選的是人口最大的幾個國家：印度、印尼、俄羅斯、美國、奈及利亞。

第三，先空軍，後陸軍。第一階段靠自己的同事勤奮地飛，瞭解用戶需求，要證明一件事，你的產品在那裡有競爭力，這時才有必要出動陸軍。

用了近兩年的時間，我們逐步將這些規劃變成現實。一個標誌性事件是 2011 年 11 月印度平台正式運營。UC 在印度市場份額超過 20%，前 3000 萬海外用戶沒有靠任何預裝和運營商推廣。

走出去，你會發現很多有意思的事。比如在大多數無線互聯網創業者的印象裡，俄羅斯是一個很好的市場，但是我們嘗試後發現，那邊的市場很難做起來，為什麼？那地方太冷，一年有一半的時間出門都得戴著手套，能玩手機的時間太少……所以我們認為未來全球的無線互聯網市場會形成一條圍繞著熱帶的生態圈。這就是真實的世界，你不走出去，坐在家裡肯定是想不出來的。

我最後給想走出去的創業家們一個建議：想在人口大國做企業，都應該認真研究一下毛澤東思想。

光著屁股使勁長

TechWeb 編輯部：你在創業公司的管理是怎麼樣的？與那些大企業的管理區別大嗎？

俞永福：創業企業與大企業的管理是不一樣的。

我還在聯想的時候，柳傳志告訴我們，企業管理要「建團隊、定策略、帶隊伍」。這幾年自己創業了，我也在不斷思考創業的管理問題。我覺得兩者的思考角度是一樣的，但是說到細節，兩者又是不一樣的。

創業企業就像一個孩子，1 歲到 2 歲，個子不停地長，但是以後不可能每年都長那麼快，所以創業公司的管理要對症下藥。如果你創業的時候團隊配齊了，管理的人、市場的人都很優秀，這樣的企業其實死的概率更高，就像一個小 baby 剛生下來，他不可能西裝革履，一定會生病，一定要光著屁股。

都說男人有了孩子會變得更加成熟。確實，我有了自己的孩子之後思考了很多，韓寒的一段文字讓我印象深刻，大意是要讓我們的孩子為他的父親感到驕傲。我不想做一名鬥士，只想做一個 gentleman（紳士）。等我的孩

子成年之後，我希望能自豪地告訴他：你老爸做了一家名為 UC 的公司，它是一家值得尊敬的企業。

後記

在 2013 年公布的商業創新 50 人獲獎名單中，俞永福榮獲「商業模式創新者」獎。2014 年 4 月，UC 瀏覽器 PC 版正式發表。同年 6 月，UC 優視全面併入阿里巴巴集團，俞永福任阿里 UC 手機事業群總裁，並於 2015 年兼任阿里集團旗下網路營銷平台「阿里媽媽」總裁和高德集團總裁。

人物專訪：攪動中國財經風雲的這些人

王興：不是為了創業而創業

王興：不是為了創業而創業

採訪人／TechWeb 編輯部

王興，美團網創始人兼 CEO。

王興生於 1979 年，水瓶座，福建龍岩人。王興可謂是中國國內最著名的創業者了。

他未畢業即創業，沒有過正式的工作經驗，博士未讀完就一頭扎回中國國內，和王慧文、賴斌強一起，組成創業的三駕馬車。

他們先是開發一個叫「多多友」的社交網站，敗於無定位；接著開發一個叫「遊子圖」的照片沖印網站，敗於無市場；然後做了「校內網」，最終貶值賣給了陳一舟，敗於無資金。

「校內網」之後，王興另起爐灶，推出小眾微博「飯否」，因未能控制風險，敗於政策。

人物專訪：攪動中國財經風雲的這些人

王興：不是為了創業而創業

在做「飯否」的同時，王興還推出白領 SNS「海內網」，被後起者「開心網」搶走用戶，與「飯否」一樣死於主機關停。

事實上，之前的王興也不能算是失敗，他有他領先、獨到的眼光：做「多多友」時，祖克柏的 Facebook 也不過初露端倪；做「飯否」時，新浪微博還沒影子；做美團網時，是中國國內第一家團購網站。

美團網成立於 2010 年 3 月 4 日，總部位於北京，被業界公認為中國國內團購網站先行者之一。美團網提倡：每天團購一次，為消費者發現最值得信賴的商家，讓消費者享受超低折扣的優質服務；每天一單團購，為商家找到最合適的消費者，給商家提供最大收益的互聯網推廣。

▎有限的遊戲和無限的遊戲

TechWeb 編輯部：談談對你影響比較大的人與書吧。

王興：有本書對我蠻有影響的——《有限和無限的遊戲》（Finite and Infinite Games，紐約大學 James P. Carse 著）。我買這本書純屬偶然，原本是想瞭解一些行為規則，結果書的內容完全不是我想像的，但是讀起來依然非常有趣。

這是一本特薄的小冊子，是美國一位哲學教授寫的，從各種角度去探討遊戲這個事情。英文「games」一詞比中國的「遊戲」一詞含義更廣，比如奧運會是「the Olympic Games」，它是一個比「遊戲」更大的詞。書裡面的觀點很有趣，把遊戲分成有限的遊戲和無限的遊戲兩種：有限遊戲的目的是結束這個遊戲，比如下棋、足球比賽，只有結束才知道誰贏了；而無限遊戲的目的是讓遊戲得以繼續，不需要結束。有限遊戲在邊界內玩，無限遊戲卻是在和邊界，也就是和「規則」玩，探索改變邊界本身。無限的遊戲可以包含有限的遊戲，有限的遊戲可以包含更小的有限的遊戲，但有限的遊戲無法包含無限的遊戲。

這本書寫得非常抽象，每次我只看一點就看不下去了，所以我至今都沒有看完。但每過一段時間，我又會重頭看。後來我想了一個取巧的辦法，就

是直接翻到最後一章去看,實際上只有一個無限遊戲,那就是你的人生,死亡是不可踰越的邊界。與之相比,其他的邊界並不是那麼重要了。

反映到生活當中,有些人想把工作和生活設一條邊界,然後明確分開,我覺得沒有必要。創業同樣是這樣。比如說投資,需要在一定時間內退出,但是對創業來說,不需要退出。有限和無限不一樣,我們做的多數事情都是有限的事情。這也不能算哲學,不過看了好幾遍,每次看一點就很累,因為會想很多。

我也讀過《賈伯斯傳》,但沒看完,現在在看的是一本介紹亞馬遜購物流程的書《amazon.com 的祕密》(One Click)。

我聽到賈伯斯去世的消息時並不驚訝,但現在清楚記得當時的場景。當時我人在臺灣,還沒起床,在手機上看到了這個消息。在我看來,賈伯斯的作用不是一時的,人們可以受賈伯斯影響,但不能直接學習,但他對產品品質的高度執著是值得借鑑的。

我欽佩很多人,包括甘地、班傑明・富蘭克林,等等。但沒有「要成為像某某一樣的人」的想法。每個人都有自己獨有的特質。貝佐斯、祖克柏都有吸引我的特質,但這成為不了讓我憧憬的理由。

丹麥物理學家波爾說過:「世界上有兩種真理,一種是小真理,一種是大真理。小真理的反面是拙劣的謊言,而大真理的反面仍然是事實。」簡單的基本規則屬於不做就錯的,但是上升到某種高度之後,兩者對立的選擇都可能取得巨大成功。比如比爾蓋茲和賈伯斯,兩個完全不一樣特質的人,家庭出身、成長經歷、商業策略都不一樣。互聯網的成功學並非一個簡單特質可以概括。

多年創業成敗,美團是最後一戰

TechWeb 編輯部:2003 年如果不創業將從事什麼職業?

人物專訪：攪動中國財經風雲的這些人
王興：不是為了創業而創業

王興：我沒有假設過這個問題。清華畢業後，我去美國讀了研究生，博士學位讀到一半回國創業。美團網是我的第三個創業項目。目前看來，美團會是我最後一個創業項目。

實際上我創業的概念並不那麼強，不是為了創業而創業，僅僅是有一件事情希望它發生，如果別人還沒做的話，那我就來做好了。

稍微拔高一點，可以用甘地那句話——欲變世界，先變其身（Be the change you want to see in the world）。創業對我來說是改變世界的方式，我希望活在一個更適合生活的世界裡，但我等不及讓別人去打造這個世界。

變化這個詞是很有趣的詞，很多公司的企業文化都強調這個詞。就像阿里巴巴，它們的企業文化中有一句是「擁抱變化」；國外一家電商企業Zappos有十誡，其中一條是 Embrace and Drive Change（擁抱並且推動變化）；歐巴馬的競選口號強調最多的也是這個詞——change。

2003年回中國創業至今，我認為身上沒有變化的東西有很多：熱愛生活、對世界充滿好奇和激情。當然變化的東西也有，隨著年齡增長，我個人的生活在變化，更加豐富了，感悟和視野也在增長。我從來不抗拒變化。

總結和評價自己並不是我常用的思維方式。就像清華大學有一句校訓：「為祖國健康工作50年」。大學的時候並不覺得這句話有什麼，但我25歲的時候一想就覺得很難，因為人的心境變了。總結過去當然無可厚非，但我更看重未來，一定要說的話，我只能說：「摔倒也要往前摔。」

對於未來，我認為，人應該注重長期的目標和短期的目標，而不要那麼重視中期的目標。

用科技手段提升服務水準

TechWeb 編輯部：美團會向商城模式轉變嗎？

王興：美團不會向所謂的商城模式轉型，但未來美團怎麼調整，我習慣做了再說。對於我來說，模式當然重要，但不是越多越好。

儘管現在仍然是初期階段，但我相信服務電子商務的未來，這是由未來第三產業的發展決定的。對於創業來說，應該尋找目前還處於初期的市場，早些進去占據第一的位置，隨著市場份額的擴大保住比例，這才是有價值的事情。而不是跟風進入已經相對成型的市場，就算拿到第三、第四名，也不是我想要的。這兩條路完全不同，價值也完全不一樣。

用科技手段提升服務水準是我進入團購這個行業時最初的想法，技術和服務是美團自始至終都堅持的。

緊張工作之餘，我有時會稍作遐想，如果早出生一百萬年，作為一個男人，此刻我應該正在狩獵。我應該圍著獸皮裙，手持標槍，正在捕捉山羊野鹿，也可能正和虎豹、豺狼、棕熊做生死之搏。如果我做不好，我就會被咬死，我的家人、族人就會餓死。每想到這裡，我就決定集中精力，回到中國互聯網這個現實叢林中來。

後記

2014 年，王興入圍 2014 年度華人經濟領袖；同年，美團網的全年交易額突破 460 億元，比 2013 年成長了 180%，市場份額占比超過 60%。2015 年 1 月，美團網完成了 7 億美元融資，估值達 70 億美元。

人物專訪：攪動中國財經風雲的這些人
莊辰超：不信命運，信機率

莊辰超：不信命運，信機率

採訪人／TechWeb 編輯部

莊辰超，去哪兒網創始人。

莊辰超生於1976年，上海人，畢業於北京大學無線電系。莊辰超很幸運。每次創業，他最後總能把公司賣出個好價錢，然後輕鬆地做下一件事。還在上大學的時候，莊辰超就和同學創業，做了一套搜尋軟體，成立了公司，並成功找到百萬元融資，最後賣給了 Chinabyte。

接著，莊辰超和美國人戴福瑞做體育入口網站「鯊威體壇」，在2000年互聯網泡沫危機隱現之時，以1500萬美元的價格賣給了李嘉誠。

然後莊辰超去了美國，在世界銀行任系統架構工程師。4年後，他回到中國，與戴福瑞再度聯手創辦旅遊垂直搜尋網站去哪兒網（以下簡稱「去哪

人物專訪：攪動中國財經風雲的這些人
莊辰超：不信命運，信機率

兒」）。憑藉其便捷、人性且先進的搜尋技術，「去哪兒」對互聯線上的機票、酒店、度假和簽證等資訊進行整合，為用戶提供及時的旅遊產品價格查詢和資訊比較服務。

對於當時線上旅遊業尚處於起步階段的中國市場，「去哪兒」的誕生恰逢其時，隨著航空公司相繼推出線上旅遊服務，以實現其自有服務在網路空間的延伸，「去哪兒」察覺到線上旅遊市場的用戶需求已經逐漸變化：中立、智慧、全面的比較平台，對用戶進行旅遊產品選擇和決策所起的作用日漸突出。正是這種需求的成長，促成了公正、中立的旅遊新媒體「去哪兒」的出現。如今，「去哪兒」已成長為線上旅遊業的巨人。

▍人生不能刻意預判

TechWeb編輯部：大家都覺得你很幸運，你相信命運嗎？

莊辰超：一直到現在，我都不相信命運。與其說是命運，不如說是機率。怎麼形容運氣呢？我覺得這個社會是做布朗運動的，任何東西都是有機率的，而人生際遇也是機率的一部分。打撲克牌，一張牌打出去是有機率的。

我信機率，任何行動都不是確定的，而反應和結果都是有機率的。你要計算機率，肯定希望贏面是你的大機率事件。如果你正好擊中了大機率事件，這並不是你的運氣好；而如果你正好擊中小機率事件，事情朝著相反的方向去發展，這也不是運氣不好。之所以存在機率，是因為還存在著事情的另一面。然後如果再出現一個極小機率的事件，比如黑天鵝事件，也不是命運——黑天鵝事件在客觀上是存在的。

所以，做了一件事情，願賭服輸。你既然願意做一些不確定的事情，就需要有足夠的心理承受能力去接受高度不確定的結果。

TechWeb編輯部：你有刻意去規劃自己的人生嗎？

莊辰超：我很早就有一個設定，我的人生一定是不能刻意預判的。只要是能預判的事情，我的興趣都不大。如果別人告訴你，你這麼做是可以的，比如說，有人給你一個收音機，說你打開調到103.7兆赫，你就能聽到什麼

廣播，這我就沒有興趣。但是如果是書上說，用這個收音機我可以用一些電子零組件組合成一個收音機，我可以聽到美國之音，我就覺得很有意思。因為這不是你身邊的人告訴你的，而是你從不知道哪兒的舊紙堆裡翻出來的書告訴你的。

我從小就不是一個守規矩的孩子。小學四年級開始，我就積極地往上海市少年宮跑，那裡有中國最早的一批蘋果電腦，表面上是寫程式，實際上是玩遊戲。如果去打網咖的話，父母肯定要管的。不過邊玩邊學，小學畢業時，我已經把所有的程式語言都學了一遍。

我雖然不守規矩，但調皮搗蛋也排不上號，因為不夠聰明。不守規矩怎麼能讓老師喜歡呢，最後還被保送上了北大？因為我們的中學（華東師範大學二附中）比較特別，好像特別鼓勵不守規矩的孩子，比如邵亦波（易趣網的 CEO）、宓群（光速創投董事總經理）、龔挺（海納亞洲董事總經理），都是我們中學的。各種競賽得獎，中學保送上大學的有一半人。我們那時候，參加各種競賽是很正常的。我身邊的都是天才，跟你這麼說吧，坐我前面的那個是得奧運金牌的，坐我邊上的也是得奧運金牌的，我的很多同學在高三的時候，寫高中三年得的獎，如果只寫一等獎，一張紙寫不完。

我是裡面最不顯眼的一個，排名比較靠後，偏理科，數學最好。我得的獎也是數學的，全美數學競賽一等獎，其實也不是什麼大獎，在同學中都排不上號。

我人生最重要的階段都不在家裡生活。我從國中開始就住校，父母沒在身邊，基本上是獨立生長。很難忘的經歷是和同學一起打撲克牌，和同學交流，有很多的收穫。我最早在大學期間成立的那個公司，創業夥伴就是中學同學。

成功不可複製，失敗可以複製

TechWeb 編輯部：談談你的創業經驗吧，給年輕人一點借鑑。

人物專訪：攪動中國財經風雲的這些人
莊辰超：不信命運，信機率

莊辰超：創業對我來說，就是打遊戲，你總會有很苦難的關要過。創業還可以是組裝收音機。我很小的時候，就懂得按照書裡的指導，把合適的電子零件組裝在一起，然後能收聽到各個波段的節目。對我來說，創業中，很多事情就跟那個時候一樣。書上會告訴你，去買幾個二極體，接著這個電路板的方式，把它們焊起來，就能 work 了。商業其實也是這樣的，人生之書會告訴你，你把這些事情做起來，一二三四五，放在一塊，把它放到真實的商業世界，它也 work 了。此外，你還可以看到，行業內的很多巨型公司或者整個行業本身，會因為你做這個事情而有反應和刺激。比如說水裡有一大群魚，你投一點食物，牠們就聚到這邊了，然後就會出現各種連鎖反應。這是很有意思的實證。

如果非要我談經驗，我有這樣一個觀點：成功是不能複製的，失敗是可以複製的。

相對於成功，我會更關注失敗，學習別人的失敗經驗。別人成功了，經驗一二三四五，你做了不一定成功。但是如果別人告訴你說：「我做了一二三四五，所以我失敗了。」那麼，你可以確信，你去做一二三四五，你會和他一樣，絕對失敗。所以當我看書，書中描述失敗時，我都會特別關注。我非常熱衷學習別人失敗的經驗，知道做什麼會失敗之後，我只要儘量不去做它就行了。

我個人的失敗經驗也是有的。比如關於酒店團購的抉擇，算是我失敗的一個例子。

在 2010 年，團購剛起來的時候，一開始，我們公司內部很多人建議做這塊業務，而我出於某種考慮，比如說，我們不應該介入交易，結果我們就沒有涉足這件事情。後來我們發現團購真的是可以幫助消費者降低採購成本，這當中雖然有很多購買的局限，但是的確符合消費者的需要。於是，我們才在 2011 年年初推出了「去哪兒」酒店團購並獲得成功。

我後來反思，我們還是太注重模式了。因為站在商業模式的角度，才會考慮到我們不應該介入交易。但是如果站在給消費者提供產品的角度上來看，

我們是要尋找產品，當時還沒有旅遊網站提供高質量的團購產品，所以我們必須要自己去做這件事情。

這之後，我就更不注重商業模式的問題了。我們應該更注重的是我們的核心價值創造的是什麼。「去哪兒」的價值是幫助消費者尋找 CP 值最高的旅遊產品，這是一個使命。

當你有這樣一個使命的時候，商業模式、市場格局等，都變得非常次要了。你只要有非常清晰地去做這個的想法——我有這個需求，但市場上滿足不了，然後我們去做，就夠了。比如說，當消費者需要 CP 值最高的旅遊產品的時候，如果市場上有好的，我們可以搜尋；如果市場上沒有好的，那我們就自己來提供這樣的產品。

太陽底下沒有新鮮事

TechWeb 編輯部：你經常看書嗎？印象比較深的書有哪些？

莊辰超：我在很小的時候就背過名人演講，我是一個非常喜歡看書的人。很多國外著名 CEO 的採訪，我也會去看。

我今年看過比較有印象的書，第一本是巴菲特的黃金搭檔查理．蒙格寫的《窮查理的普通常識》；第二本是《賈伯斯傳》；第三本是披露 Uniqlo 成長故事的《一勝九敗》；第四本是《最後的勝者：傑米．戴蒙與摩根大通的興起》；還有《連線》主編凱文．凱利寫的《失控》。我每個月要看兩本書，這些書基本上是著名人物的傳記或思想。從這些真實的故事中，我瞭解到在關鍵時刻他們的一些想法，我會有我自己的解讀。

我發現所有的成功案例裡面，細節是非常重要的。另外我還有一個觀點，我認為沒有真正意義上的所謂創新，太陽底下沒有新鮮事。如果你真的覺得自己創新了，99.9%的可能是因為知識面不夠廣，才會認為自己創新了。近現代商業可能有幾百年的歷史，全球六十多億人口，每天最少有幾億人在想著怎樣把生意做得更好。在過去的幾百年間，可能每天如此。所有的商業案

例、手段、定位，在過去的人類歷史中不斷地發生，然後不斷有人去分析。所以，創新是極少數的。

談到創新，不能迴避賈伯斯。有人感慨地說，一個從來沒有做過手機的公司，用創新的技術（包括觸控螢幕），顛覆了多年未變的傳統手機產業。賈伯斯是一個偉大的人，但我不覺得他是在創新。用賈伯斯的話來說，「優秀的藝術家是抄，偉大的藝術家是偷」，大部分的創新，其實都是從別人的故事中學習並融會貫通，取其可用之處組合起來。

現在回過頭來看，賈伯斯的哪些技術是創新的？以觸控螢幕為例，在賈伯斯之前，已經有很多人在做類似的項目，只不過從沒有過一個人像賈伯斯一樣，對細節無止境地追求。這才是我認為的賈伯斯的獨特之處，並不是說他的想法有多麼新鮮。技術是擺在這裡的，需求是擺在這裡的，很多人也都看見了，可能其中也有人想過，但是只有賈伯斯做到了。別人認為是不可能的事情，他執著地相信並且做到。

可惜世界上只有一個賈伯斯。大部人，如我輩，都是普通人，至少我認為我是個普通人。所以我對自己的要求是「不要去創新」，如果我認為我創新了，那一定是我有哪本書沒看到，我的知識面不夠寬。

同樣，「去哪兒」也沒有什麼創新。唯一與眾不同的地方，是我們並不相信市場上那些聒噪的聲音，比如這樣困難、那樣苦難或者乾脆說消費者不需要。我們更願意追隨我們內心的聲音，說這個事是需要的、是有價值的，然後我們就去做。這個感覺很重要。

▋一手鮮花，一手利劍

TechWeb 編輯部：「去哪兒」會不會是你終生的事業？

莊辰超：我現在不會講，我今年才 35 歲，我不能講一輩子。用「事業」來描述「去哪兒」，有些沉重。我更願意把「去哪兒」當成我喜歡的遊戲，我還沒有玩膩。我投入到這個遊戲中，工作便變成了消遣。在這個遊戲中，我每天的工作就是戰鬥。

我是一個特別喜歡戰鬥的人，只有戰鬥，才能讓我保持興奮。業內有很多擅長戰鬥的創業者。我覺得我跟他們戰鬥的方式不同，我說的戰鬥應該是challenge（挑戰），不是打仗的意思，是有一個難題需要你去面對，需要你去解決問題或者轉化問題。

　　我們更關注我們的價值觀，把重心放在為消費者尋找CP值最高的旅遊產品上，而很少關注市場上已有的競爭對手或者是已有的什麼服務。但總有些時候，需要你舉起利劍。

　　在整個旅遊線上市場，我最大的不滿是，這個市場總有一種聲音在說，旅遊酒店都應該賣同一個價錢。我覺得這個其實是極大地阻礙了消費者獲得更多選擇，同時也阻礙了旅遊企業給消費者提供更廣泛的產品選項。

　　我認為，消費者的需求是各不相同的，旅遊供應商的需求也是各不相同的。這個市場上，酒店和航空公司應該有權利推出各種解決方案，消費者應該有權利得到更多的選擇，而不是單一的選擇。所以，有的人願意為更好的服務支付更好的價格，有的人願意以更低的價錢接受簡單的服務。

　　因此，我們在前進的過程中，一手是鮮花，一手是利劍，如果是和我們一起為消費者提供更高的CP值的合作夥伴，我們熱烈歡迎；但是如果有哪些機構，是要阻擋我們為消費者做到這一點的，那我們會毫不猶豫地舉起利劍進行戰鬥。

後記

　　2011年6月，「去哪兒」獲得百度策略性投資3.06億美元，這是當時中國線上旅遊市場最大的一筆投資。

　　2013年11月，去哪兒網在美國納斯達克掛牌上市，首日收盤報收於28.40美元，較發行價15美元上漲89.33%，市值32.09億美元。

　　2015年1月，去哪兒網與包括溫德姆（Super 8 Motels）、Club Med、洲際、悅榕莊、千禧等在內的22家高端酒店集團達成同盟，共同整

合線上旅遊產業鏈。去哪兒網會與所有酒店集團分享數據資料，分享技術平台，提供多層次的合作模式。這將促進酒店行業的全面數位化。

馮鑫：與「暴風」兩不相欠

採訪人／TechWeb編輯部

馮鑫，北京暴風網際科技有限公司CEO。

1993年，畢業於合肥工業大學管理學院，本科學歷。1998～2004年在北京金山軟體公司歷任市場渠道部經理、市場總監、毒霸事業部副總經理。2004～2005年任Yahoo中國個人軟體事業部總經理，推出上網助手、網路實名等著名客戶端軟體。2005年年底創辦北京酷熱科技公司，推出自有核心技術的播放軟體——酷熱影音，半年內該軟體用戶超過600萬，迅速成為網友喜愛的綠色播放軟體。2007年年初收購「暴風影音」播放軟體，組建北京暴風網際科技有限公司。

憑藉獨特的商業模式和對互聯網用戶強大的影響力，暴風網際公司獲得產業的認可，先後獲得來自IDGVC和MATRIX CHINA共計超過2500萬美元的融資。如今，暴風影音已經成為中國最大的互聯網影片播放平台。

2015年3月24日，暴風影音上市後，股價一路狂飆，上市31天，斬獲30個漲停，令市場咋舌。

人物專訪：攪動中國財經風雲的這些人

馮鑫：與「暴風」兩不相欠

初見馮鑫的人都會感受到一種天然的親切，這也許緣於他的銷售出身。這樣的親切感讓馮鑫在互聯網圈內鮮有仇人。他的產品發表會能調動李開復、蔡文勝等一眾圈內前輩。而這還不是高潮，發表會現場，兩家主要競爭對手甚至到場祝賀，在一向劍拔弩張的互聯網圈子裡，馮鑫簡直是一朵奇葩。

馮鑫愛書，這在圈內小有名氣，據說他最初受到欣賞就是因為被老闆看見正在讀《尤利西斯》，他的微博贈書做得有聲有色，再忙，書也是一定要看的。

做這件事像還債一樣

TechWeb 編輯部：你是怎麼樣打造暴風影音（以下簡稱「暴風」）的，有哪些因素決定了你的創業風格？

馮鑫：我是個樂觀的人，心態超好，這跟我媽的教育方式有關。我們家所有孩子都是被誇大的，沒有任何批評，一向都認為自己家孩子是最好的，即使很差也覺得是最好的。我其實很少會因為什麼事情糾結，但這兩年做暴風讓我很難受。

特別是 2010 年前後，我每天來公司上班都帶著一種很沉重的負罪感。以前打工從人家那兒領錢從來沒慚愧過，現在自己開公司反而慚愧了。

為什麼？「暴風」幫了你很多，有了錢有了地位，但你幫它做得太少了，你總是從它身上榨取，然後自己發光發熱，這很不要臉。那是你欠它的，這種感覺非常痛苦，很長時間壓得我都喘不過氣來。

「暴風」是 2007 年 1 月份成立的，剛開始創業第一年，人不多，100 人以內，都是技術人員，效率非常高，我們迅速占領了 60%～70% 的市場份額。但是從 2008 年開始，我都不是特別滿意，因為成績很平庸，對我來說「暴風」不夠優秀，打分數的話只有 60 分。不管在外面我說得多漂亮，我騙不了自己。

2010 年底，我跟公司的兄弟們明確說：「暴風」可能會取得商業上的成功，甚至上市、達到比較高的市值，但是這家公司我不喜歡。「暴風」內部

經常辦項目培訓，舉到的例子很少是發生在「暴風」的案例，都是一些我過往經歷過的案例，這是很可悲的。

不是我要求高，我覺得是這個團隊出了問題。

從外面看，整個「暴風」團隊很勤奮、有責任心，但是在我看來，這遠遠不夠。當然也可以換個角度，團隊問題的根源又出在我的身上。我的問題不是狀態問題，我一直都在積極地工作，我覺得這是能力上的問題。當你創業之後，你會發現領導一個企業，你的判斷力、你的注意力、你的排序能力其實是不足的。

現在回過頭來看過去幾年，「暴風」每件事都能做，但是每件事都是60分，這非常可怕。再舉個例子，我們2007年開始做線上業務，我覺得我在策略上已經足夠重視了，但是實際上當時根本不懂什麼是策略上的重視，只知道心裡的重視、嘴上的重視，行為上的重視是不太懂的。後來才明白，策略重視是需要對結果負責，需要更多的資源投入。

2011年，「暴風」推出了新版本。我親自做營銷，提出了一個全新的概念──「左眼技術」，成績還算不錯，有MBA要把這個案例做進他們的課程。

這個項目是我親自做的，當時就一個想法：如果我不為「暴風」做這件事，我就愧對這家公司。為什麼？我心裡很慚愧，「暴風」這麼好的題材，這麼大的舞台，如果我不做好，就是浪費自己的生命，也是浪費它的生命。而且這個左眼技術確實是挺讓我感動的，在不改變來源的情況下用播放器使得畫面更清楚，這是所有做播放器的人都想做的一件事情。而且這個技術剛開始並不確定一定能成功，但是最後真的做出來了，很不容易。

做這件事對我來說就像還債一樣，做成了就兩清了。

把自己「發配」到一線

TechWeb編輯部：2011年「暴風」的狀態特別好，收入翻了不只一倍，為什麼會發生這樣的變化？

人物專訪：攪動中國財經風雲的這些人

馮鑫：與「暴風」兩不相欠

馮鑫：老實說最近我也在思考，前面說了我對「暴風」的焦慮，我原以為「暴風」的改革需要借助大的外力或者契機，比如上市，但現在的事實是，溫良的內部改革也能造成很好的作用。到今天，我仍然不能總結出我到底做了哪件事讓它發生改變，因為都不是有意為之的，而且我不確定到底是哪個決定真正起了決定性作用。

有一件事可能是導火線，我在公司的總裁室推行了「無功即過」制度，給每位副總裁設一個標準任務，完成了，但如果連續三個季度僅僅完成，你就算有過失，「功」是什麼呢？就是你做出來的結果對整個「暴風」有明確推動。這其實挺難的。

我想明白了兩點，第一，改變是自上而下的，員工都是正常的，他們跟對人就可以做得很好，跟不對人就不行，出問題永遠是老闆的問題；第二，更堅定自己的評判價值觀和標準，以前我經常會猶豫，公司大了會模糊，現在愈發堅定。

我曾把自己「發配」到一線去管業務。什麼是真的去一線？是能背任務，你是老大，平時你可以指導手下兄弟說這個產品要怎麼做、新聞稿要怎麼寫，但是要你全部做下來，持續做會很難。所以我到營銷一線的時候，任務全背。他們說做100，我提出200，他們完成不了，我來。因為這樣的調整確實讓不少同事離開，走了的覺得這任務不可能完成，但事實是我做了6個月，最終我完成了。

創業的時候我就告訴自己，凡事一定只能靠自己。這並不是說不依賴於團隊，而是這個事情即使你託給某某人做了，或者別人答應你做了，也要由自己來控制全局。如果你心裡沒有把握，那就自己去做。

逼著自己變化

TechWeb 編輯部：談談你在管理上的經驗。

馮鑫：這兩年，「暴風」長大了，我的管理能力其實沒跟上。原來人少的時候管理很簡單，就那麼幾條槍，碰到問題喊一聲，大家捲起袖子就上了。現在公司大了，人多了，管理反而變得敏感起來。

當一家公司發展到一定規模，其實沒有任何一個業務的往前推進是老大在具體操作的，一定是安排了專人在負責，這其實對老大的管理提出了很高的要求。

當我們把業務交給某人的時候，其實不見得有信心，但是大家都存在一個慣性，既然交給別人做了，你就不能親自做，不能越權，只能指導。但一家公司每年具有核心價值的業務其實也就一兩個，你又必須把握住。造成的結果是，我說要達到一個目標，他說做不到，只能做到某個數，分析起來，誰也不知道為什麼。這是很多公司都會遇到的問題：老闆的數字總是高於員工的心理價位，這時候怎麼辦？他做不到，你自己要不要接手？我的結論是，你要確認他是否有能力做，如果不是，寧可自己做。

我們都講唯物辯證法，我覺得這個思維方式其實不適合創業。唯物辯證法講究問題是多解的，A 和 B 可能都是對的，但是做企業不能是選擇題，作為創始人就是萬事皆有解，且只有唯一正解。事後來看可能很多答案都是可選的，但是作為牽頭人，你必須給大家一個絕對的答覆，說只有 A 是對的，只有這樣大家才不會猶豫。

我也逼著自己變化。比如原來暴風的會議很發散，談想法多，談具體業務少；現在我有意識地控制開會時的扯淡時間，大家的注意力也開始更集中在具體的業務上。這是好現象。

暴風從我非常不喜歡的狀態到目前我覺得最佳的狀態，按照變化需要成本的理論來說，應該是有一些業務上的損耗的，就像政治改革，總要有一些成本和犧牲。但是我發現，公司的改革還是很容易的，沒那麼難，雖然我不知道怎麼做到的，但從結果上可以看到成本沒有這麼高，至少，我們的變革不像「戊戌變法」的成本那樣高得驚人。

人物專訪：攪動中國財經風雲的這些人

馮鑫：與「暴風」兩不相欠

後記

艾瑞諮詢的數據顯示，2014年12月，暴風影音PC端日均有效使用時間約3000萬小時，日均涵蓋人數約2700萬人，無線日均涵蓋人數約1500萬，分別在艾瑞諮詢統計的線上影片行業中位於第一、第三和第四的位置。

2015年3月，暴風在A股創業板掛牌上市，創始人馮鑫的個人身家達3.14億元。招股書顯示，2014年1月～9月，暴風營收2.7億元，淨利潤3079萬元。

採訪人簡介

陸新之，商業觀察家，亨通堂文化傳播機構的創辦人之一，德豐基金合夥人，北京華育助學基金會理事。他長期致力於研究中國商業環境轉變和解讀企業案例。

王長勝，《中國企業家》《彭博商業周刊》前科技主筆，《科技觀察》創辦人。

蘇小和，財經作家、獨立書評人，著有《啟蒙時代》《誰能影響張征宇》《逼著富人講真話》《過坎：對11名中國民營企業家的現場分析》《誰來重組德隆》《局限：發現中國本土企業家的命運》《自由引導奧康》《我們怎樣閱讀中國》《中國企業家黑皮書》等書。

曾憲皓，非資深媒體人，不自由撰稿人。

TechWeb編輯部，TechWeb是中國知名的科技類垂直網站。

國家圖書館出版品預行編目（CIP）資料

人物專訪：攪動中國財經風雲的這些人 / 陸新之 著.
-- 第一版 . -- 臺北市：崧燁文化，2019.04

面； 公分 . -- (常讀 . 人物誌)

ISBN 978-957-681-746-5(平裝)

1. 企業家 2. 訪談 3. 中國

490.992   107023261

書　　名：人物專訪：攪動中國財經風雲的這些人
作　　者：陸新之 著
發 行 人：黃振庭
出 版 者：崧博出版事業有限公司
發 行 者：崧燁文化事業有限公司
E - m a i l：sonbookservice@gmail.com
粉 絲 頁：　　　　　網　址：
地　　址：台北市中正區重慶南路一段六十一號八樓 815 室
8F.-815, No.61, Sec. 1, Chongqing S. Rd., Zhongzheng Dist., Taipei City 100, Taiwan (R.O.C.)
電　　話：(02)2370-3310　傳　真：(02) 2370-3210
總 經 銷：紅螞蟻圖書有限公司
地　　址：台北市內湖區舊宗路二段 121 巷 19 號
電　　話:02-2795-3656 傳真 :02-2795-4100　網址：
印　　刷：京峯彩色印刷有限公司（京峰數位）

本書版權為西南財經大學出版社所有授權崧博出版事業股份有限公司獨家發行電子書及繁體書繁體字版。若有其他相關權利及授權需求請與本公司聯繫。

定　　價：300 元
發行日期：2019 年 04 月第一版
◎ 本書以 POD 印製發行